城市景观照明艺术设计

魏婷　谢思雨 / 著

西南大学出版社
SWUP
国家一级出版社　全国百佳图书出版单位

图书在版编目（CIP）数据

城市景观照明艺术设计 / 魏婷, 谢思雨著. — 重庆:
西南师范大学出版社, 2021.9（2024.1重印）
ISBN 978-7-5697-1099-1

Ⅰ. ①城… Ⅱ. ①魏… ②谢… Ⅲ. ①城市 - 景观 -
照明设计 Ⅳ. ①TU113.6

中国版本图书馆CIP数据核字(2021)第183536号

城市景观照明艺术设计

CHENGSHI JINGGUAN ZHAOMING YISHU SHEJI

魏　婷　谢思雨 著

选题策划　龚明星　戴永曦
责任编辑　戴永曦
责任校对　王玉菊
整体设计　朱钰欣
出版发行　西南大学出版社（原西南师范大学出版社）
地　　址　重庆市北碚区天生路2号
邮　　编　400715
网上书店　https://xnsfdxcbs.tmall.com
排　　版　黄金红

印　　刷　重庆愚人科技有限公司
成品尺寸　185mm × 250mm
印　　张　8
字　　数　147千字
版　　次　2021年9月 第1版
印　　次　2024年1月 第2次印刷

书　　号　ISBN 978-7-5697-1099-1
定　　价　65.00元

本书如有印装质量问题，请与我社市场营销部联系更换。
市场营销部电话 / (023)68868624　68367498
西南大学出版社美术分社欢迎赐稿。
美术分社电话 / (023)68254657　68254107

目录 CONTENTS

第三章　城市景观照明设计的艺术手法

第四章　城市景观照明艺术设计的分类解析

第一章
城市景观照明艺术设计概论

现代城市是随着人类物质文明的进步而产生，并不断发展、变化的。今天的城市是一个巨大的物质空间和庞大的有机体，都是由众多的建筑、景观、基础设施，以及生活在其中的人所构成（图 1–1）。近年来，我们的城市发展迅速，在环境建设方面取得了令人瞩目的成就。城市面貌焕然一新，城市品质得以提升，而城市景观照明逐渐成为城市建设中的重要内容之一（图 1–2）。随着城市生活的丰富，人们的夜间活动也越来越多。城市中的广场、公园、滨水区、商业街等，承载了城市主要的夜间景观，其照明设计在满足现代城市的使用功能时，还成为独特的城市形象塑造、城市历史文脉展现的手段。

对景观照明的研究需以对景观的内涵认知为前提，因为景观照明设计是景观设计的内容之一，与景观设计的发展历史紧密相关。景观从古至今的演变，正是人类文化的内涵体现，景观照明设计也在某种程度上体现景观的文化性和艺术性。我们所探讨的景观照明艺术设计是希望通过艺术化的手法来改善公共空间夜间环境品质，强调景观照明的艺术价值，从而体现城市的人文价值。因此，从艺术的角度探讨城市景观照明设计，就必然要了解景观设计的文化内涵，包括景观发展历史、照明发展历史、景观与艺术之间的关系……

图 1–1 城市是一个复杂而庞大的有机体

图 1–2 城市景观照明丰富了城市建设

图 1-1

图 1-2

第一节 景观设计的文化内涵

何谓景观？不同的学科会给出不同的概念释义，生态学把景观定义为一个复杂的生态系统；从地理学的角度可以理解为所呈现的地表景象；社会学把景观看作由人和物构成的场景；建筑学则将其定义为建筑外部环境。而从设计的角度，景观一般包含了四个层面的含义：①景观是人类视觉审美对象；②景观是生活的空间和场所；③景观作为科学的系统存在；④景观是人类活动的符号印记。景观的发展历史十分漫长，一直伴随着人类的生产与生活，我们可以从古代与近现代两个部分来简要回顾。

1.1 古典景观园林

在西方，古典园林包括古埃及园林、古希腊园林、古罗马园林、中世纪园林和文艺复兴时期园林。这些园林都反映了各个时期的社会发展、自然地理条件、生产水平、生活习俗等。

古埃及园林：一般以中轴线为对称轴，设计成中轴对称的格局，在院落内会设置凉亭、棚架、格栅等景观，园林的周围会种植树木，设置小型水池。贵族花园一般会与贵族居住的府邸直接相连，会设计水池，同时在四周种植花草树木来遮阳庇阴，还会设置一些凉亭供人休憩使用，水池、凉亭等一般也呈中轴对称布局。

古希腊园林：古希腊早期的庭园园林兼具实用性、观赏性、娱乐性，到了公元前5世纪之后，由于古希腊国力空前强盛，园林更注重观赏性和娱乐性，装饰的植物也常用一些色彩鲜艳丰富、芳香四溢的观赏性植物来进行装饰。在这一时期，庭园多采用四合院式布局，后面慢慢演化成四面绕列柱廊的中庭式庭园。

古罗马园林：古罗马园林主要分为宫苑园林、中庭式庭园园林、公共园林和别墅庄园园林四种。这些园林一般依山傍水、风景秀丽。园林一般有丰富的变化，有的园林是附属于建筑的，有的则布置在建筑周围。园林中心多栽种草坪，路边有浓密的树木覆盖，设置水池、凉亭、雕塑等装饰的元素，以及小路、花坛、座椅等公共设施。

中世纪园林：中世纪园林多是实用性较强的寺院园林和古朴大方的城堡园林。中世纪的园林更注重其实用性，到了社会较为稳定的时期，人们开始注重用树木、花草来建设观赏性更强的园林，同时园林中也会增加一些座椅、凉亭、喷泉来供游人休憩观赏、游玩。园林中一般会设置迷宫花园，有些会用草皮铺路，有些会种植灌木丛并修剪成一定形状。

文艺复兴时期园林：文艺复兴时期园林分为美第奇式园林、巴洛克式园林和台地园林三种。分别对应文艺复兴初期、中期和后期。园林的选址、布局规划更为考究，庭园作为建筑的延续，其风格特征与建筑相呼应，水景和植物造景更加有趣多样，特别是巴洛克式园林，其园林艺术在巴洛克的影响之下也开始追求新奇夸张的效果。植物修剪的技术也得到了较大的发展，园林中的植物修剪出来的图案和花纹也越发精致。

而在东方，古典园林一般分为皇家园林、寺观园林和私家园林。

皇家园林一般是皇帝个人或皇家私有的宫苑、御园等，气势宏大。皇家园林在清朝达到了顶峰，该时期皇家园林的总体规划多有创新，西方的造园技术首次被引入中国园林。清中叶后，园林渐渐变成多功能的活动场所。

寺观园林是随着寺庙、道观的大量兴建应运而生的，寺观园林主要有两种类型：城市寺观园林和郊野寺观园林。城市寺观园林规模较为宏大，其寺内的园林景观也丰富多彩，用名贵的花草树木来装饰，也常设置一些亭榭供人休憩停留。位于郊野地区的寺观，更加注意园林环境与周围自然景观的融合。

私家园林大多为宅园，在唐宋时期，私家园林比之前得到了更大的发展，文人园林从诸多私家园林类型中脱颖而出，一些文人士大夫寓情于景、情以境出。在明清时期，私家园林达到了高峰，其创作运用写意的手法，把假山叠石、景题匾额、盆栽植物等装饰元素巧妙地融入其中。江南园林便是当中的代表，如苏州的拙政园、留园、个园等。私家园林主要分为江南园林、岭南园林、北方园林三种。

1.2 现代景观设计

20 世纪现代主义思潮对现代景观的产生和发展影响深远，现代主义运动有四个特征：先锋性、抽象性、人本性和民主性，而现代景观设计的发展与现代主义艺术、建筑设计、设计艺术运动都有着紧密的联系。从具体到抽象是现代主义艺术最大的特征，几何学图案、色彩学、心理学等都成为现代艺术的研究内容。现代景观设计大量运用创新的表现手法，如结构的变化、形象的夸张、构图的变幻以及象征手法等。现代主义建筑所强调的功能主义、极简原则使得现代主义景观设计也开始追求不同于古典的景观形式。19 世纪末的工艺美术运动及 20 世纪初的新艺术运动，都为现代主义景观的产生和发展起到了积极的作用。现代主义景观更注重表达人们内心的想法，追求心理上的现实，其把景观视为一种表现手法，是一种再创造，而不仅仅是再现和模仿。

1.2.1 现代景观设计的主要特征

（1）面向大众的设计：区别于古典园林为私人服务的目的，现代景观的设计是面向大众，是以人的需求和参与作为前提，遵循以人为本的设计原则。

（2）强调实用性和功能性：现代景观设计以形式追随功能为主旨，同时也关注人在景观中的活动和体验感受。现代景观注重使用者的感受，认为景观必须是为使用的人所设计的，景观设计的终极目的在于创造舒适的、为人使用的外部场所。景观设计在于解决原有场地的一些问题，通过对流线、功能布局、空间序列的分析与处理，来创造更具有实用功能的景观场所。

（3）注重空间的营造：在现代景观设计中，设计者们追求的是自由流动的空间，而不只是注重形式。他们反对传统的、静态的、焦点式的空间形式，而是期望塑造一种自然的、自由定义的景观空间，注重空间的流动性以及交融性。

图 1-3

图 1-3 现代景观自由的空间布局

图 1-4 使用抽象形式语言的景观

图 1-5 景观中图案化的处理手法

图 1-6

图 1-6 多元的艺术体验

图 1-7 现代景观强调人在环境中的活动

图 1-8 现代景观照明内涵的表达

图 1-7

图 1-8

（4）运用新技术与新材料：由于社会的进步，现代景观运用了大量的新材料和工业生产的新技术，让形式与功能更紧密地结合在一起。

（5）自由灵活的布局：不同于古典园林的轴线排列方法，现代园林追求的是一种自由构图，追求的是一种动态的平衡。平面和空间的布局根据功能需求、周边的环境而进行自由合理的安排，为人们营造出一处种更贴合自然的景观环境（图 1–3）。

（6）丰富的设计手法：现代景观旨在表达丰富的形式和内涵。在设计形式和要素上，更为新颖、丰富。通过艺术与科技的结合来进行形式上的多元发展，获得新奇的视觉效果；在内涵上，通过对传统的借鉴、对现代艺术的借鉴，现代景观更能拓展其文化价值和意义（图 1–4—图 1–8）。

1.2.2 现代景观设计的风格

（1）极简主义景观

极简主义景观所呈现的简洁形式，能体现纯净的美感、质朴的张力。在观念上受到现代主义建筑“少就是多”的影响；在构图上一般以抽象的几何形体进行组合，追求均衡的、极致简洁的构成关系；在材料上多使用新型、现代化的光洁材料，如不锈钢、石材、钢板等，形成干净利落的造型；在细节上摒弃烦琐的装饰，强调线条的力量感，体现明快、极简的现代风格。

（2）解构主义景观

解构主义试图打破一切秩序和逻辑，质疑设计中形式、功能、材料、主题之间的有机联系，将元素进行打散组合，形成片段、独立、残缺的视觉景观。常常与周围环境相脱离，打造出特殊的情感语言形式。

图 1-9

图 1-10

（3）生态主义景观

自从 20 世纪 60 年代以来，环境问题越来越突出，引起了人们的重视。绿色生态、环保低碳的可持续思想越来越深入人心，所以现代景观设计越来越注重生态与环境的关系（图 1-9）。生态主义景观主要体现在对植被和树木的保护设计、水体的净化处理、污染物的处理再利用，以及工业废弃物的处理。景观设计不能回避环境资源与生态保护的问题，在生态主义观念的影响下，现代景观不仅以生态修复的技术或手段来改善环境，还希望通过对生态环境的关注与思考来唤醒人们可持续发展的环保意识。

（4）折中主义景观

折中主义景观强调的是现代园林与传统园林之间的联系。现代景观并没有完全背弃传统，而是不断地吸收和采纳传统园林的元素。折中主义景观试图运用传统元素来加强人们对一个地区的归属感。对于传统元素的运用主要有两种方法：第一种是直接借用传统元素让人感受到景观与历史的联系；第二种是通过对传统元素进行分解和重构来体现不一样的创新景观。

（5）地方主义景观

地方主义景观强调的是一个地区的特色，要求设计应尊重地域文化、历史文脉，力求表达地方文化的精神内涵，不是仅仅把一个地方的传统直接拿来呈现，而是要结合当地的特色和时代发展的需求来进行设计。地方主义景观是一种民族与地方文化的体现，要求尊重场地的特性，把原有场地的带有时代特色或地域特色的景观保留下来，再进行设计（图 1-10）。

（6）象征主义景观

象征主义景观更加注重对观念艺术、内涵价值的表达，通过夸张的造型、比例、尺度来表达设计主题和象征意义。其主要特点为重内涵而轻形式，往往会通过一些变异、创新、融合的手法来塑造一些带有隐喻的符号，从而表达其内涵（图 1–11、图 1–12）。

图 1–9 强调绿色、生态的景观照明

图 1–10 对于地域文化印记的保留

图 1–11 在景观中保留具有特殊意义的符号

图 1–12 创新的景观照明手法

图 1-13 热衷于自然的思想影响了造园艺术

1.3 景观设计与视觉艺术的关系

16 世纪末、17 世纪初，“景观”（landscape）概念的出现源于荷兰语，其作为一个专用名词是指“描绘自然风景的绘画”，后来传入英国，其含义又得到扩展，指田野风光、大型公园。18 世纪，绘画艺术中热衷于自然的思想影响了西方的造园艺术，英国出现了自然风景园（图 1-13）。从 19 世纪后期开始，现代艺术运动促进了景观设计的发展。

19 世纪的西方园林景观以自然式和几何式两种风格为主，直到 20 世纪初，工艺美术运动和新艺术运动的兴起，人们开始寻求一种更加适合于社会发展的新模式。工艺美术运动诞生的原因是其对工业化生产的抵制和对矫揉造作的装饰的厌恶。而随着工业化进程的加快，艺术也必须顺应时代的发展。在工艺美术运动的推动下，新艺术运动开始了，但与工艺美术运动不同的是，新艺术运动试图与所有传统决裂，寻找一种新的艺术风格。20 世纪 20 年代，西方现代建筑运动对于现代景观设计的发展产生了直接影响。景观和建筑共同构成了我们生活的物理空间，从视觉艺术的角度来看，景观设计也必然受到绘画、雕塑的影响。

在西方现代艺术的影响下，“Landscape”变成了一种带有文化内涵的景观概念，这种景观概念传播到了美国，并对其城市的发展与建设产生了巨大的影响。从此，景观设计的发展愈发多元化。

1.3.1 景观设计与绘画艺术

西方早期的绘画以写实绘画为主，特别是 18 世纪对自然风景的描绘，画面中的色调、植被、建筑、意境等直接影响了园林景观的营造。而现代主义绘画中的线条、色彩、构成、肌理等元素又成为景观设计的语言形式。例如，现代主义绘画的代表人物——米罗、克利和康定斯基，他们的画面中抽象的线条、块面、明艳的色彩，都成为现代景观设计青睐的视觉语言。现代景观设计大师彼得·沃克，其设计表达形式如同现代主义绘画，点、线、面这些

图 1-14 柏林索尼中心景观设计宛如现代构成主义的画面

图 1-15 彼得 · 沃克的极简主义

构成元素被以景观的材料、颜色所呈现，在平面图上出现明确的图案形式，带有强烈的装饰意味和色彩。道路及铺装设计是对现代主义点、线、面的完美诠释，色彩则简洁、明快，无论是黑白灰的构成，还是对比色的运用，都能成为一幅后现代主义的绘画作品（图 1-14）；彼得·沃克也开创了景观设计中的极简主义风格，用抽象的、几何的而又极其丰富的视觉形式树立了现代景观设计的典范，为景观设计提供了新的设计语言与新的设计思路，他成为现代景观设计的代表人物（图 1–15）。巴西景观设计师布雷·马克斯，对植物有着特别的偏好，他充分尊重自然风景画的色调和质感。设计表达形式如绘画般，利用不同植物的搭配，追求高级色调的层次，如同是在油画布上晕染色彩，创造如画般的景观意境。

1.3.2 景观设计与大地艺术

“大地艺术” 产生于 20 世纪 60 年代末、70 年代初期，可以看作是将景观设计与雕塑结合的艺术形式，也是艺术介入自然环境、介入我们生存空间的重要表现，一种新兴的艺术。新的力量、新的艺术形式与新思想在当时的西方艺术界不断涌现，一些艺术家对于现代艺术感到越来越困惑，他们开始寻求更丰富的答案。因此摆脱颜料与画布，摆脱具象物体的塑造，不再局限架上艺术，转而在广阔的大地上寻找灵感，将田野、山谷、海岸、岛屿视作画布，将自然景观与艺术创作相结合，缔造了新的空间体验和视觉感受。同时通过艺术的唤醒，改变了人们的生态观念和自然观念，很多大地艺术作品都蕴含着环保生态的理念与原则，会用艺术的手法来为那些遭受到破坏的土地提升价值。“大地艺术”与景观设计相结合，对现代景观产生了一定影响。

“大地艺术”代表性人物罗伯特·史密森认为：“大地艺术最好的场所，是那些被工业化和人类活动损坏的场地，这样的场地可以被艺术化地再利用。”艺术家们强调艺术的载体，其作品都建造于田野、乡村这样的自然环境，与传统的雕塑相比，释放出场域精神，把环境看作为一个崭新的艺术体验。大地艺术不同于传统的绘画和雕塑艺术，其与场地所处的环境产生密切的联系，以一种新颖的艺术创作方式丰富了景观设计的内容。大地艺术代表性的作品有：《沙漠呼吸》（图 1–16），由希腊艺术家 Danae Stratou 和 D.A.ST 工作室创作完成；《螺旋形防波堤》，由美国艺术家罗伯特·史密森在美国大盐湖上创作完成；《包裹海岸》，由克里斯托夫妇用布料和绳索完成对澳大利亚悉尼附近 1609 米的海岸包裹，成为惊世之作。

以上可以发现，景观设计与艺术中的绘画和雕塑有着密不可分的联系，艺术可以是景观设计的灵感来源，而环境空间又为艺术创作提供载体。

图 1-16《沙漠呼吸》

第二节 景观照明的发展

2.1 西方景观照明

在西方，曾经在古罗马时期出现城市照明的雏形。为了防御外敌入侵，保障城池的安全，重要节点区域会点燃火把，这可以说是城市照明的雏形。直到 17 世纪，才有了真正意义上的城市公共空间照明。据说 1677 年，在路易十四的命令下，欧洲的街道上出现了悬吊的蜡烛灯。但是在户外使用蜡烛照明，非常有局限性：不防风、光照度极弱，完全不能满足夜间活动的基本照明需求。随后，油灯取代了蜡烛灯，成为 18 世纪欧洲街道的主要照明方式，玻璃罩的使用解决了不防风的问题。但是由于油脂燃烧不充分，玻璃罩上会残留游离的碳原子，形成黑烟影响照度和美观，必须经常清洁，燃料也需要及时补充，还要修剪灯芯，因此油灯时代的街道照明催生出灯夫这一职业。这一时期的燃料仍然采用传统的动物油和鱼油，直至 19 世纪初，街道木灯杆被铸铁支架所替代，汽油代替了传统燃料，街道照明的发展上了一个台阶，同时兼顾美观性和实用性，街道照明也具备了景观价值。随着照明技术的进步，20 世纪街道照明体系逐步建立。20 世纪 50 年代，德波尔提出在道路照明中，不仅要满足功能性，还应考虑视觉的舒适性。1980 年，Caminada 和 Van Bommel 提出了公共照明与社会治安及人行道路安全密切相关，并研究了街道照明如何保证行人可辨识的安全距离。到了 20 世纪末，欧洲城市开始通过景观照明建设，拉动城市的商业和旅游业，直至今天，照明艺术成为城市人文价值的重要组成内容。

2.2 中国景观照明

在古代的中国城市，很少出现公共空间的户外照明，最初是手持灯笼的打更人，提供了夜间流动的照明，两汉出现的石灯开始成为户外照明的雏形，到了唐代，已出现了造型十分精美的园林石灯。随着材料技术的进步，金属灯、陶瓷灯、玉石灯的使用越来越多，到了明清时期，中国古代灯具发展进入了最辉煌的阶段，灯具的材质和种类更加丰富，特别是宫灯的出现，成为中国灯具发展史上浓墨重彩的一笔。

纵观中国古代城市照明的发展，分为两条线索，其一是来源于城市的一些夜间集市和贸易活动，二是源于中国古代“张灯结彩”的风俗习惯，例如元宵灯会，就形成特有的景观照明。进入电器照明时代以后，直到 20 世纪八九十年代，道路照明仍是我国城市照明的主要方式，在节假日才会出现标志性建筑的轮廓照明。1989 年上海外滩照明是一个转折点，标志着中国的城市景观照明进入了初期发展阶段，这也是中国城市建设蓬勃发展的阶段，以“亮起来”为目标，适应城市建设的需求。2000 年以后，是中国城市照明的大力发展阶段。各大城市开始注重城市形象和人文内涵的塑造，希望通过城市照明来提升城市品质，发展夜游经济，拉动城市旅游，逐步发展成为著名的城市亮化运动。

第三节 城市景观照明艺术设计的概念及价值

3.1 城市景观的界定

本书所界定的城市景观是在景观环境的广义范畴中，具体指向城市公共空间中的景观环境，其包含的对象具体为：广场、街道、公园绿地、滨水区、建筑小环境及微观环境等。

19 世纪末，被称为景观设计之父的奥姆斯特德与英国建筑师卡尔弗特·沃克斯合作取得了纽约中央公园竞赛设计的项目，使中央公园成为现代景观设计的重要代表作品，也奠定了城市景观的基础，使传统景观学往城市化方向延伸，城市景观呈现多元化的特征。

今天的城市景观设计已经成为彰显城市特色和提升城市品质的重要手段，一个城市的景观环境关系到城市的形象和发展。进入城市，首先映入眼帘的就是城市景观，它是我们与城市最直观的视觉接触。通过呈现出的景观环境，我们对城市有了初步印象，如果是优美、亲切、舒适的环境，会加深我们对城市的感情；面对杂乱、冷漠、毫无生气的城市景观，人们会不自觉地产生排斥心理，逃避或离开所处的环境，这就影响了城市中人与环境的和谐关系，未能表达人与城市环境联系的内在意义，因为城市的建造不仅是对领域空间的界定，也是对视觉形态的塑造和生活空间的营造。

良好的城市景观是人们获得良好的生活质量与愉悦的视觉体验的前提条件。同时也能够为一座城市带来更多优质的投资，为城市经济发展带来新的增长源。所以景观环境是在城市建设中非常重要的一个环节。美国著名城市学家伊里尔·沙里宁曾说：让我看看你的城市，就能说出这个城市的居民在文化上追求什么。

景观可以说是一个城市文脉的载体，是城市诗意的栖居场所，也是人们进行户外活动的日常环境和空间，与人们的生活方式和行为方式息息相关（图 1–17—图 1–19）。特别是当下城市旅游经济的发展，人们会更多地使用外部公共空间，它的存在对整体的城市环境和市民活动起着重要的作用。宜人的景观环境在一定程度上改善了城市面貌，对人们的社会交往起到积极的作用；恢复了人与自然、人与人之间的和谐关系，有利于提高我们的生活质量，改善生存空间，赋予城市新的意义。所以城市景观环境的营造可以充分反映城市的文明程度、发展状况。同时，一座城市的景观环境形象也能阻碍或者推进一座城市的发展进程。

图 1-17
图 1-18
图 1-19

图 1-17 户外景观休憩区

图 1-18 户外夜间景观

图 1-19 树池景观照明

3.2 城市景观照明设计

中国近四十年的高速城市化进程，使得城市面貌焕然一新，城市建设取得瞩目的成绩。丰富的城市空间和城市形态为景观照明提供了充足的载体；城市经济水平的提高也为景观照明的投入提供了保障。中国的景观照明经历了近二十年的发展期，已经进入从追求量变到强调质变的阶段，城市的高质量发展，对景观照明的要求也越来越高。不再是以亮度和光色的变化为要求，而是在保证功能性照明的基础上，还强调艺术化照明，通过灯光效果展现城市景观的地域性、文化性，完成城市的特色塑造。

景观照明对于一座城市的建设来说是有重要意义的，也是新型城镇化建设的重要组成部分。城市景观照明不仅能保证城市夜间生活的正常进行，还能美化城市景观环境，塑造夜间城市景观的品质，满足人们视觉和审美的需求，使城市综合形象得以提升，也是美好生活的保证。通过政府与照明设计行业的努力，近年来中国的景观照明水平得以大大提升，众多城市的夜景不仅“亮起来”，还“美起来”，甚至带动了城市夜游经济的发展，给整座城市带来了生机与活力，体现出照明艺术的经济价值。总之，良好的城市景观照明对城市建设意义重大，它不但能凸显特色的城市形象，提高城市文化内涵和艺术审美，丰富人们的夜间文化生活，还能助推城市经济，创造美好生活（图1–20）。

3.3 城市景观照明的重要特性

3.3.1 从属性

城市景观照明是从属于城市整体环境的。它既是城市的附属空间，依赖于整个城市的空间布局、组织结构，又统一于城市庞大的景观体系之中。从

图 1–20（1）

图 1–20（2）

图 1-21

图 1-22

城市的整体规划上看，景观照明在空间形态、色彩应用、材质肌理，以及基本要素的选择等方面都要与周围的建筑物、环境设施相协调，统一于城市环境的整体风格之中，带来良好的视觉感受。

3.3.2 独立性

作为一种物质形式的存在，城市景观照明在视觉上有完整的形象、鲜明的识别性，经常成为城市中标志性的形象（图 1–21）。它既具有实际的使用功能，有相应的使用者和服务对象，又作为城市景观中的夜间景观，独立存在。正因其独立性，很多城市能在夜间营造与白天不同的、鲜明的视觉景观。

3.3.3 艺术性

城市景观照明在满足使用功能的基础上又具有艺术表达的潜质。因为艺术具有明显的主观性，总是通过媒介、物化的形式来反映客观世界。城市景观照明设计是通过光源、色彩、照明方式等手法，按照形式美的原则，将各种照明构成要素进行组合，创造出多样的夜间视觉艺术，传递出丰富的人文情感，塑造出独特的城市意象（图 1–22）。

3.3.4 文脉性

城市不仅包含外在的景观形式，它在本质上还是史学、哲学、美学、政策和经济相互作用的综合体。从城市个性来看，由于不同地区的不同城市在长期的历史文化积淀中所呈现的文化氛围是不一样的，其城市文化内涵也是各呈异彩的，正是这种不同的文脉异质形成了不同的城市个性，特色的城市景观照明设计会带来不同的文化体验，彰显其各自的城市魅力。

图 1–20 上海杨浦滨江区照明

图 1–21 黄埔滨江景观

图 1–22 云门景观装置艺术作品

3.4 城市景观照明设计的功能价值

3.4.1 使用价值

人类在建造物理空间时总带有一定的目的性。城市景观环境以创造良好的户外空间为目的，从功能上满足使用者在室外的行走、休憩、观赏、交谈等必要活动。强调空间环境的实用性，为城市居民的生活服务，发挥物理空间的最大效能，这既是建造的首要目的，也是设计中所要遵守的基本功能原则。

维特鲁威在《建筑十书》中提出实用、坚固和美观是建筑的三要素。而与建筑一样，景观环境也强调所营造的空间是否满足物质的使用功能，是否兼具美观。

作为人类物质生产和文明创造的结果，城市中的景观本身就是一种客观的物质存在，其构成元素如植物、山石、流水、座椅、灯具以及雕塑小品等都是可以通过视觉上和身体上的感知来认识和体验的，这些物质形态也使得景观照明具有一定的物质功能。

当人与环境发生关系时也正好体现出景观照明的使用价值。从生理上看，人们需要在工作之余、在夜晚去城市公共空间活动，由室内走到室外，调节紧张的情绪，感受夜间景观，体会环境带来的亲切感和归属感。随着生活质量的提高，这种需求越来越强烈，而夜间户外活动也越来越丰富，已经成为现代都市生活不可缺少的一部分，因此就要求设计相应的、令人满意的城市景观照明来满足我们的活动需求，才能最大限度地支撑城市公共空间的基本功能（图 1–23）。

图 1–23（1）

图 1–23（2）

图 1-24（1）

图 1-24（2）

3.4.2 文化价值

首先城市景观作为物质实体，它是人们从事一定社会活动的空间载体，能提供更多的室外交往空间，直接为人们的行为服务；而城市景观设计作为一种空间艺术，与建筑、绘画、雕塑、音乐一样属于文化范畴，是对一定社会文化的反映，具有一定的文化价值。

可以说景观与建筑一样，本身是一个文化对象，更是一种特定的文化产物，并且它也能比较全面地联系人类文化的其他领域。社会文化是由人类从事各项社会活动所创造的，其内涵十分丰富，具有时代性、民族性的特征。城市景观照明以自身的表现形式和语言，体现当代城市文化和社会文化。一方面人们在接受照明，而照明也在此过程中不断改造我们所处的光环境，人类的物质成果直接应用于景观的照明过程中，新的技术、材料促进了城市景观照明的进一步发展，使其代表了时代的物质文明的特征；另一方面，景观照明又通过物化的形态，比较完整地反射出人类文化和社会文化现象，这也是城市景观照明设计中社会属性、文化属性的体现。城市景观照明所引发的文化价值还表现在通过照明方式对场所精神的领悟和体验（图 1-24）。人们通过一系列复杂的夜间活动获得了对场所价值的认同，这种认同的过程有助于将使用的空间转化为有意义的场所，这也是人对于夜间景观文化价值的体验。

图 1-23 城市公共空间兼具白天与夜晚不同的使用功能

图 1-24 景观照明艺术设计可以激发对场所的精神感知

3.5 城市景观照明目前存在的问题

目前城市景观照明在技术方面已取得巨大的进步，科技的发展使得夜间景观丰富多彩，特别是当下越来越多的城市意识到夜间经济的重要性，大力开展夜间景观的建设，很多城市都开展了大大小小的亮化工程。虽然全国各地的城市都不同程度地亮了起来，也提高了大量公共空间的夜间使用率，但是其景观照明设计在文化内涵与审美方面，还存在理念的简单化与片面化。

例如某些城市过度使用照明产品，一味地追求亮度与绚丽度，没有考虑与周围建筑、环境的协调关系，使用过量的照明而破坏了整体视觉效果，并造成光污染和资源的浪费；很多景观照明没有对城市空间环境进行充分的调研，在夜间呈现上不能体现城市景观的特征，例如城市的地理、地形特点是可以被利用起来，成为城市景观照明艺术的载体，凸显城市景观特色；有些城市为了增加文化特色，牵强地使用动物、人物等具象元素，与照明小品、设施强行进行结合，简单地表达文化概念，造成审美韵味的缺失。因此，提升城市景观照明艺术设计的整体水平具有紧迫性和重要性。

第二章 城市景观照明的构成要素

第一节
道路照明

1.1 设计原则

1.1.1 尺度统一

当道路使用了一定体量的灯具时，要考虑道路自身的宽度以及两侧载体的情况，要让灯具与周围的载体形成较为合理的比例，从而给人一种比较舒适的尺度感。人们在观看物体时，往往会把周围的物体作为参照物来判断尺度。在不同的道路上，存在不同的载体分布情况，所以在选择灯具时要充分考虑其与周围环境的协调性。这就要求设计师在进行道路照明设计时，应该注意尺度的统一与变化，要亲自去现场进行考察之后再确定灯具的具体尺寸与安装的距离。

1.1.2 对适应性的考量

适宜性原则要求考虑灯具的实际安装情况，务必在适合安装的条件下再进行安装，还要考虑实际的场地情况。对于城市的道路来说，要首先保证其功能的正常使用。对于那些交通性为主的道路，在设置景观照明时，要注意避免其对交通造成不良影响。要避免眩光产生的不良影响，也要避免人们对信号灯的误认，以及视觉疲劳产生的不良后果，要充分考虑人们的适应性。

1.1.3 动静统一

一般来说，出于对灯具照明功能的考虑，要尽量减少动态光线，但是从景观照明效果表达的角度来看，动态照明可以增强景观照明的效果。这两者看起来似乎是矛盾的，这就要求我们在进行道路照明设计时，把握好灯光的动静关系。把握好动静统一关系的关键在于要考虑灯光会不会对驾驶员产生干扰。这就要求考虑适当地降低信号动态变化的频率，因为动态光对人的影响主要是由其频率、变化幅度决定的。

1.2 道路景观照明设计的类型

在进行道路景观照明时，除了满足安全性和引导性功能之外，也要追求对道路景观细节的刻画，要注意对空间气氛的营造，要把握灯光间隔的韵律、光照强度的对比等，所以对道路景观进行分类研究是非常有必要的。

1.2.1 人行道照明

（1）专用步行道：步行空间的照明应该着重强调道路的边界，给夜间出行的人们提供充足的照明，保障其安全。而且也要在人行道休息区域设置一些局部照明，给休息的人们营造一个良好的休息氛围（图 2–1）。灯具的布局通常采用单面布置、两面交叉布置以及中心对称布置等。

（2）滨水步行道：滨水步行道除了考虑步行道路的基本要求，还要注意水面产生倒影的表现，要在考虑行人安全的前提下给人们营造独特的艺术氛围。

（3）公园行步道：要考虑夜间人们是出于休闲放松的心情来游园的，所以不用要求人行步道发挥其最大的工作效率，而是应该形成一个有空间序列、道路形状清晰的照明空间，人们可以安全、自由地沿着道路行走。同时应该结合各个路段的景观，营造出一路一景的美的感受（图 2–2）。对于公园的人行步道，要求是在 1.5m 高、4m 远的距离内能识别面孔。

（4）台阶照明：由于台阶踏步和坡道都具有一定的高度差，所以必须要注意其灯光照明的安全性，对于同一纬度的台阶踏步尽量要统一照明效果，减少照明种类，防止人们因为灯光过于杂乱而出现视觉偏差而导致发生事故。同时也要根据台阶踏步所处的整体环境来分析艺术照明的灯具使用情况。台阶照明需要用光来区分出踢面和踏面，要关注踏步的材料、颜色是否能够让行走的人们便于区分。光线是否能够做出明显的视觉对比效果。而根据光线的投射方式，可以把台阶照明分为两种类型：台阶侧面和台阶踢脚面。

台阶侧面：如果台阶的侧面有墙体时，灯具可以安装在侧墙上（图 2–3），同时应保证灯具与台阶的垂直距离在 1.5 米以内，以防对上台阶的行人产生视线上的干扰。在该照明方式下，主受光面是楼梯的踏面，次受光面是楼梯的踢面，而两个表面的交接处会形成一条线，这种表面间的亮度差会导致人们视觉上产生不同而区分踏面与踢面。

台阶踢脚面：一般用暗藏式线性光源和嵌入式侧壁灯来安装在台阶的踢脚面，在安装时应注意其位置必须低于踢脚面，以免带来错觉对行走的人产生干扰（图 2–4）。

1.2.2 车行道照明

车行道应该给路面提供足够的亮度，让司机可以在夜间清晰辨认道路来确保夜间行车的安全，从而减少夜间交通事故的发生。车行道的亮度和路面材料、路幅等元素都有关系，不同种类的车行道有不同的照明要求，从照明功能性角度来说，不同类别的道路照明应符合《城市道路照明设计标准》CJJ4–2015 的相关要求。

图 2-1
图 2-2
图 2-3
图 2-4

图 2-1 人行道休息区域设置局部照明

图 2-2 公园行步道

图 2-3 台阶侧面照明

图 2-4 暗藏光源的照明

1.2.3 交汇区照明

交汇区的照明分为平交、立交两种。平交的交汇区又叫十字路口，平交又可以具体分成有环岛的十字路口和无环岛的十字路口。交汇区是一个交通空间中人流量汇集的地方，良好的景观照明设计可以很好地调节交通空间夜间景观的节奏。

（1）平交的交汇区：对于有环岛的十字路口，要针对其原有的空间进行设计，例如很多环岛的十字路口都覆盖着一些园林景观和植物。可以利用美观的景观载体照明来表现该路口的景观照明效果。在设计时要考虑环岛中央可能会设置高杆灯，会提高环岛的环境广度，所以在进行景观照明设计时要注意适当提高亮度，要把光色叠加产生的影响充分考虑进去。

对于那些没有环岛的节点，可多采用对路口四角的建筑设置灯光进行景观照明设计，用建筑的照明来渲染节点的氛围，在使用这种方法时要注意不要破坏整体道路照明的节奏感。

（2）立交的交汇区：在交汇区中的桥体是道路沿线最大的载体，立交的交汇区一般有立交桥、人行天桥和跨街桥等。桥体是道路景观设计中的一个重要组成部分，因为驾驶者往往从正面能够看到景观的整体效果。所以在进行立交的交汇区的道路照明设计时要利用桥体照明的效果（图 2–5），努力把它加入道路景观照明的系统之中，这样才能使道路空间整体的景观照明效果风格统一。

1.3 道路景观照明的布灯方式

（1)单侧布灯:这种布灯方式比较适合窄一些的道路,要注意安装灯具时，应使其高度大于或等于路面的有效宽度。这种布灯方式具有诱导性好的优点，但是在不设灯的一侧路面亮度较低，会导致两个方向车辆得到的照明亮度有所偏差。

（2）交错布灯：这种布灯方式是把灯具按照“之”字形交错排列，这种方式一般适合用于宽广的路面。在安装时应注意灯具的安装高度要不小于路面有效宽度的百分之七十。这种布灯方式使灯具的亮度较为适合道路照明的整体要求，而且在雨天时，能够提供更好的照明条件。其缺点是亮度轴向均匀度较差，容易导致机动车驾驶员产生较为混乱的视觉效果。

（3）对称布灯：这种布灯方式适用于宽路面，在布灯时应注意灯具的安装高度要大于或等于路面有效宽度的百分之五十。

（4）横向悬索式布灯：这种布灯方式要求灯具要悬挂在横跨道路的绳索上，应注意道路的轴线与灯具的垂直对称面保持垂直。

图 2-5 立交的交汇区白天与夜间的不同景观

第二节 植物照明

2.1 设计准则

在进行植物夜间照明设计之前需充分了解植物的习性、生长规律、花期等生长特性。照明设计师应该了解场地上植物的尺寸、植物的生长形状、是否需要修剪、植物的生长速度等基本属性，也要考虑植物的质感，比如要考虑树叶的图案、树叶重叠的空隙、树干的花纹等元素。植物的枝干也是要考虑的一大元素，不同植物的枝干有不同的质感，有的枝干是有条纹的、带刺的、有裂缝的、有多种色彩的、表皮易剥落的，植物的枝干可能是美丽的，也可能是丑陋的，这些都将作为指导植物夜间照明的依据。

2.1.1 植物评估

在进行植物照明设计之前，应该把所有平面图上的植物都进行整体评估。在这个过程中要掌握哪些植物需要照明，了解不同植物的关系，把一些可能会影响照明的潜在问题找出来并排除掉，例如要考虑植物的后续生长会不会影响到原有的灯光照明，如果生长在中间的植物遮住了原有光源，那么遮蔽物会阻挡或影响光速度，也会影响到原有的景观元素。

2.1.2 照明规划

（1）对于一定体量的植物照明，可以重点考虑对其夜间照明进行规划，因为夜间照明重点区域可能不同于白天重点区域，要把夜间的主要植物景观和次要植物景观划分出来。

（2）要按照总体的规划来确定不同区域之间的光色和亮度，而且要初步确定不同区域之间需要的灯具和产生的能耗。

（3）对于一些特殊性的植物要进行重点的照明设计。

2.2 照明方式

2.2.1 主要照明方式

植物是景观中特有的元素，也是构成景观最重要的元素，它属于软质景观的一种，对于园林植物的照明，主要手法有上射光照明、下射光照明、平射光照明、侧射光照明、背景光照明、内透光照明等（图 2–6—图 2–8）。

（1）上射光照明：是园林景观照明设计中最常用的一种手法，上射光可以改变植物在夜间的外观形态，上射光能穿过层层树叶、枝丫，使植物发光，

图 2–6 上射光照明

图 2–7 下射光照明

图 2–8 上海绿之丘外墙植物景观艺术照明

图 2-6

图 2-7

图 2-8

在树冠顶部产生投影，在表现树木本身的质感的同时，也创造出了戏剧性的观赏效果。如在需要照明树木时，上射光的运用可以使树木融入夜间景观，在上射光的照射下，夜间的树木会显得更加生动。灯具的摆放位置要根据具体的树木形态来确定，树木的叶子类型和枝干结构也影响着灯具的摆放位置。对于树冠较大、枝干开张平展的树型，如：柳树、榕树、槐树、泡桐等，其灯具最适宜安放的位置是在距树干与树冠边缘的三分之一至二分之一的位置。在这种距离时，光从上面穿过，可以在地上产生错落有致的树影，强调出植物本身的纹理效果。而对于那些树冠较小的开张直立树木，如棕榈、银杏树等，灯具应安装在距离树干较近的地方，并且应用窄光束灯具垂直向上照射。而对于一些枝叶紧密平展的树木，如一些常绿乔木、雪松等，灯具应放在树木枝干以外的位置，并且应靠近树木的叶片，以突出其纹理。

（2）下射光照明：是指光线从上向下照射植物，使用下射光会使植物叶子下面产生阴影。下射光与我们所说的月光照明有异曲同工之处，可以使植物的枝干、树叶、花朵等在地面或者其他被投射的物体上产生美妙的光影变化。灯具一般放置在树内比较高的地方，方向对准树中心，这样可以产生更多的影子。而对于一些较为低矮的灌木及花卉，如大叶黄杨、月季、栀子等，可采用反射形草坪灯从上向下照射。

（3）平射光照明：多用于低矮的灌木，它可以强调被照射植物的纹理形状、细节和颜色。而通过调整平射光与植物的距离则可以起到加强或减弱纹理的作用。

（4）侧射光照明：不仅可以显示植物纹理，还能够使植物本身产生明暗阴影的变化，适用于2m以下的丛生小乔木或灌木。

（5）背景光照明：不像其他照明形式那样体现细节，是只表达植物的形状，把植物作为剪影从背景中凸显出来以增加层次感。背光照明不是直接在植物附近安放灯具，而是利用周围环境中的光源散射植物景观，加深景观的纵深感，突显植物与背景的关系，同时可以通过投射减少色彩和细节加强块面化或朦胧感来使其产生戏剧效果。

（6）内透光照明：顾名思义就是自内向外的照明方式，内透光运用在树木照明中有一定限制，如树冠体积均匀、靠近枝叶繁茂的情况下使用此种照明可突出树木的形态特点。

2.2.2 不同植物类型的照明方式

植物的艺术照明手法很多，但是具体的照明方式要根据植物的类型和生长方式来确定，本文主要从乔木、灌木和花丛、花坛和草坪三种类型来具体说明。

（1）乔木的艺术照明手法

乔木的夜间照明应该从其本身造型、艺术性等角度出发，重点营造植物景观意向（图 2–9）。乔木常见的树形有球形、伞形、金字塔形、柱形等，应该用不同的照明方式来对不同的树形进行照明。伞形树冠的树种一般是合轴分枝树种，常见的有香樟、榕树、棕榈等，这类树形的树由于树种较高，树冠较大，所以一般采用上射照明的方法来设计。金字塔形树种呈三角形状，由于金字塔形和直立柱形树种底部没有太大的空间和观赏性，所以一般采用侧向照明的方法来设计。由于球形树种的形状比较圆润，有一定的观赏性，所以球形的树种一般采用上射照明和侧射光照明结合的照明方式。

根据乔木的不同种植情况，也需要不同的照明方式来照明：对于具有观赏性质的孤植来说，要对其进行单独的重点灯光照明，而多棵树组合的照明，则需要根据其具体的种植方式和位置来分类考虑，且要注意树木之间层次的表现，还要处理好与周围环境的关系（图 2–10）。

（2）灌木和花丛的艺术照明手法

灌木在夜间照明应该突出其引导、方向性。对于枝叶繁茂且较大的灌木，如大叶黄杨、杜鹃等一般在地面设置小型泛光灯来进行侧向照明，而比较低矮的灌木如肾蕨等常用草坪灯来照明（图 2–11），而球根花卉、草本花境和有花的草坪一般在树上安装具有月光照明效果的灯具。花丛在设计夜间照明时应该对花带边缘进行勾勒，显示出其优美的线条，同时应对有观赏性的花朵进行照明。

（3）花坛和草坪的艺术照明手法

草坪在夜晚一般并不作为主要植物景观，而是用来衬托其他植物景观的，所以对于草坪的照明设计应该尽量简洁（图 2–12）。花坛的照明方式一般采用由上而下或者从下往上的投光照明，进行简洁明快的照明设计。

图 2–9 乔木的照明

图 2-10 多棵树组合的照明

图 2-11 灌木的照明

图 2-12 草坪的照明

第三节 水体照明

3.1 水体的光景观设计

水是万物之源，没有水就没有人类文明的诞生和发展，水自古以来就受到人们的喜爱，古人眼中的水是充满灵性和充满无限生气的，水承载着文明，是一个城市生机和魅力的体现。在进行水体的照明时，应该注意以下几个方面。

（1）注意水体照明的安全性：由于人的视线在夜晚会受到一定程度的干扰，所以我们应该合理利用光源来提醒人们注意水面和驳岸，以防不慎落水。在进行驳岸照明设计时，单一的照明色彩和照明形式容易使人产生视觉疲劳，不利于人们夜间驾驶。对于水下电缆的铺设也要严格按照相关规范，并定期对水体照明设备进行检查维修，以防触电的危险。

（2）水体照明应符合周围环境主题：有很多水体照明过于花哨，与周围环境格格不入，还可能会造成光污染现象。所以水体照明设计要结合周围环境来进行设计，要与水源所在地的特点相匹配，进行统一规划设计。

（3）根据不同的水体进行符合水体特性的照明设计：不同的水体有着不同的特征，如静态水体和动态水体就是两种不同性质的水体。我们应该根据水和光的特征，根据照明对象的外形特征、结构特性、材料特质来选择合适的光源。而对于水体周围的景观要注意倒影的营造，形成虚实相映成趣的视觉效果（图 2–13）。

3.2 水体照明的基本方式

按照灯具的设置方式和对水体的照明特点，水体照明方式可以分为水上照明和水下照明两种。

3.2.1 水上照明方式

水上照明是将灯具放置在水面上来对水体进行照明的方式，水上照明的优点在于其经济性价比高，不需要像水下照明灯具那样对于灯具有过高的要求，而且水上照明的灯具安装和维护起来也更为方便。但是其缺点是这种水体照明效果较弱，不能产生水下照明那样魔幻般的戏剧效果，而且有时会产生眩光，造成光污染。

3.2.2 水下照明方式

水下照明需要考虑如何隐藏灯具，因为如果被灯具线路和连接装置破坏了水体外观，将会导致整体造型缺少美感。当把灯具置于水下时，还需要考虑灯具散发出的光和热对水底生物的影响，设计师需要规划出足够的空间来给水底生物躲避亮光。水下灯具必须考虑能够承受腐蚀，所以要考虑水下灯具的材料。考虑到经济成本，水下灯具的材料通常为铜和不锈钢。 在设计时还应注意水对灯具的散热作用，如需要排空水池中的水时，灯具是暂时不能使用的，否则会因为灯具不能及时散热而被烧坏。

3.2.3 混合照明方式

混合照明方式就是结合水上照明和水下照明的方式对水体进行照明的方式。这种水体照明方式一般被广泛应用于喷泉灯光照明中，可以得到更加绚丽、戏剧化的照明效果。

3.3 水体照明的类型

3.3.1 静态水景观照明

当水缓慢流动时，就呈现出一种相对静止的状态。水可以作为光传播的一种媒介，而反射与折射就是水体在作为光传播媒介的显著特征，静态水景在光的作用下会产生镜面反射，针对这种特征，我们可以在比较空旷的水体中，使用轮廓照明勾勒出水体的边缘，同时用漂浮在水面上的灯具进行水面装饰，就可以形成一幅静谧美好的画面。

图 2-13 与周围环境相映成趣的水体照明

图 2-14 静态水体的照明

由于静态水体的面积一般相对较大，而灯光又很难对大面积水域进行照明，所以静态水体照明会注重对水岸和水中的元素进行照明设计。水岸伴随着四季的变化，会产生不同的景色，水岸灯光的设置则可以使人们体会到四时之景不同的乐趣，水体中映射的景色体现其特有的魅力。水体本身亮度低无法被看清，而水边的建筑物和构筑物、山石、植物、人影等在适当的光线下，都可以倒映在水面上，形成虚影，虚影结合岸边实景，虚实相应，亦真亦幻，宛若仙境（图 2–14）。

有一些静态水体会进行水下灯光的设计，静态水体进行水下照明时，可以更好地展示水体清澈透明的特性，通过水的折射和水中颗粒的反射，反射在水面上的光会显得更加柔和，不会过于刺眼。在设计水下照明时，应该在注意防水的同时也要注意对灯具水下投射角度的控制与调节，水下灯具的投射角度不宜过大，否则会导致光污染，影响到水岸边行人的正常活动。水下光源的颜色和亮度应该根据环境主题和水深进行设计，要因地制宜，不能扰乱周围环境中活动的行人，同时也要注意对水体生态的保护。

光源的颜色和亮度应根据环境主题和水深进行设定。当然，由于折射作用，这些水下场景都是不真实的，可能会对一些游客产生干扰，如戏水、游泳时，因此水景照明应该因地制宜，合理设计。

3.3.2 动态水景观照明

动态的水相比于静态的水来说有更强的表现力，动态水景又分为自然动态水景和人工动态水景两大类。自然动态水景主要包含瀑布、泉水、小溪等流动的自然界的水景观，而人工动态水景主要包含人工设计的喷泉、水幕、跌水景观。流动的水景照明，会产生一种波光粼粼的美感。下面针对几种具体的动态水景观的照明设计进行讲解。

（1）喷泉的照明设计

喷泉在生活中比较常见，在小区内、广场上或者公园里，我们常常可以看到喷泉这一动态水景观。喷泉所具有的动感节奏使其具有独特的力量美感，喷泉又有几种不同的类型之分，针对不同的喷泉类型，我们应该用不同的方式去设计其灯光效果。

水喷泉的照明设计：水喷泉是一种生活中最为常见的喷泉种类，对于这类喷泉，我们通常采用水下照明的方式去设计。而且出于对喷泉的美观考虑，要对喷泉的造型进行丰富的设计。在设计水喷泉的灯光时，还应该注意将灯光照射角度与喷泉的出水角度保持一致，这样才能更好地表现出水花迸射的动感。

旱喷泉的照明设计：旱喷泉与水喷泉的不同之处在于这类喷泉的深度比较浅，一般在水池表面安装喷头，并且在喷头上有一些金属格栅覆盖。在针对旱喷泉进行灯光设计时，我们应该先打开喷泉的开关，再进行灯光的操作，因为这些灯具安装在水中，如果开水瞬间灯罩的温度太高的话容易发生爆炸，所以我们应该注意其灯光的操作规范。

雾喷泉的照明设计：雾喷泉是一种效果极其震撼的特殊化形式的喷泉。不管在陆地还是水池都可以安装这种喷泉，在安装灯光的时候应该注意其喷头位置，不同喷头的位置应该对应不同的照明设备。水池里的雾喷泉应该把照明设备安装在水下，旱地雾喷泉应将照明设备安装在地表。在选择灯具时，我们应该优先选择那些宽光束的灯具，这样可以使灯光照明范围扩大，让人们仿佛进入一个梦幻迷离的空间，起到增强观赏效果的作用。

音乐喷泉的照明设计：音乐喷泉是近些年发展比较迅猛的一种喷泉形式，音乐喷泉往往是通过电脑程序和音乐结合制造出声、色、光俱全的喷泉场景。音乐喷泉注重对人情感的把握，以及注重对整体气势的烘托。有的音乐喷泉能够喷出高达 7 米的浪花，在这时，仅仅安装水下照明灯光是无法满足照射需求的，如果想要达到气势恢宏的效果，就要在立面安装一定的照明灯光设备，根据需要的场景来切换色彩，依据色彩来烘托周围的氛围。

（2）瀑布的照明设计

瀑布是由于地势有一定的落差，较大水量经过时就形成了瀑布景观。瀑布一般会给人一种气势宏大的感觉，而随着水流落下飞溅的水花，给人一种灵动、气势如虹的感觉。在研究其照明设计时，需要关注瀑布的出水口，如果在出水口比较粗，水流量比较大，水流的冲击力比较大的情况下，我们应该将灯光设备安置在落水处，或者把灯光装置安置在可以照射到落水处的位置，这样便于观赏者看到四处迸射的小水花，散落开来的小水珠会被投射上不同的色彩，使其更具观赏性。针对多落差方式的瀑布，应将灯光置于瀑布前方，便于人们观赏整体瀑布落差产生的独特景观。对于普通的小型瀑布，只安装普通的水下灯就可以，但是由于水从高处落下会对灯具产生冲击力，所以我们应该对灯具进行加固处理，以避免灯具损坏而产生一系列的危险。

（3）跌水的照明设计

跌水也是依靠落差来营造的一种水景观，但是其落差比瀑布小得多，而且跌水的流速较慢、水流的冲击力也远远小于瀑布，比较常见的跌水有阶梯式跌水和水池跌水等。为了表现跌水景观的整体美感，跌水景观的灯光装置通常是安装在跌水的前方或者是跌水景观的底部。

（4）溪流的照明设计

溪流的照明主要是要表现出流水的动态美和曲线美，对于其他动水景观来说相对复杂，一般会采用几种照明方式结合的方法来进行灯光氛围的营造。一般在外部安装照射灯，在溪流底部安装灯具来表现溪流的动感，根据溪流的走向在其周围布置相应的灯光，这样综合性的布光手法，可以使流动的溪流有一种迷幻的美感，用来表现溪流的流动性，给人一种舒缓随和的感觉。

第四节 景观小品照明

在一个城市的公共空间中景观小品是一处富有生气的亮点，景观小品的体量一般不是很大，但其对整个空间艺术氛围的提升却有着至关重要的作用。景观小品的大小随着城市整体空间的大小而变化，同时景观小品也应该符合整体环境的氛围。城市景观小品一般有公共雕塑、公共座椅、广告牌、公交站台等。城市小品需要对其进行灯光设计，要考虑夜晚灯光对人们产生的影响，针对不同性质、不同形态的景观小品进行亮化设计。下文将主要对几种城市小品的照明方式进行对比讲解。

4.1 雕塑照明

景观雕塑是景观小品中比较有特点的代表，具有丰富的形态。雕塑在一个景观中，扮演着非常重要的角色，雕塑需要很好地融合于周围的景色中，也需要把周围的环境刻画得更加丰富。

雕塑本身的形象表达其内涵，但有时会随着白天和黑夜的转换而有所不同。所以作为照明设计师在进行雕塑照明设计时，应该站在雕塑家的角度思考灯光布局与灯光色彩。在一个场景中，雕塑往往会成为视觉的焦点，有些雕塑在远处时可以被看见，引领着行人进入；还有一些雕塑在路口的转角处出现，可以进行空间上的转换与划分，也可以让游客情绪上有所变化。在决定如何进行雕塑的照明设计时，应该先考虑下面的问题：雕塑本身的形态、细节、材质和色彩等元素；灯具安装之后与周围环境和其他景观元素的关系。一些安置在树林中或者草坪、灌木中的雕塑，多是结合路灯在灯杆上安装雕塑的投光灯进行照明，在道路分叉口的雕塑一般会进行单独的照明，要根据雕塑的材质、颜色来选择不同的投光方式和灯色（图 2–15）。

图 2–15 不同的雕塑照明方式

图 2-16 广场上的自发光雕塑

雕塑可以分为传统雕塑和自发光雕塑两种类型（图 2-16）。这两种雕塑形式都需要设计师在创作时考虑并做出白天与夜晚不同的视觉效果。雕塑在放置灯具时应该注意尽量避免从正面均匀照射，这样会因为过于平淡而降低立体感，同时要注意避开游人的视线，避免对人产生影响。

雕塑的灯光照明方式主要有上射光和下射光两种：下射光和自然光类似，更便于保持雕塑的自身特点。由于下射光会使人的面部表情变得恐怖狰狞，所以在进行人物形雕塑布灯时，应该尽可能从侧面补光，减少面部阴影，在确定好灯具的安装位置和角度之后，应该用宽光束进行照明，使人物形雕塑更加还原。如果要创造永久性照明效果，可以采用下射光，这样能最大限度地还原雕塑所表达的内涵。

上射光在进行雕塑照明时如果光源离雕塑过近，雕塑的阴影将会被拉长，不利于雕塑形象与内涵的表现，所以一般不单独使用上射光，而是从侧面进行自下而上的照明，或者是进行补光处理。对于一些表面会产生强烈反光又不需要过于体现纹理细节的金属类雕塑，也可采用剪影式的照明方法来进行照明设计。

雕塑本身可以分为两个种类：三维雕塑和二维雕塑。三维雕塑可以供游人从不同的角度观看、欣赏，而二维雕塑往往只有一个观赏角度。

对于单一角度的二维雕塑，如果该雕塑使用了特殊的材质，为了凸显其特殊的纹理，应该用近距离“切向”照明技术；如果需要凸显其色彩或者雕塑上的图案，则应该使用“洗墙”的 照明技术。

对于多角度的三维雕塑，要注意从多角度运用不同的光线进行照明，同时对于灯光的色温和显色性能也要进行考虑。在需要特别突出的部分，可以加入定向照明，定向照明可以很好地塑造出雕塑的细节，可以使其中需要重点表现的区域能很好地展示出来。雕塑的阴影不应该过黑，要适当展露出细节。照明的亮部可以很好地展现雕塑的特征，但是也要注意不应太耀眼或者产生眩光。由于人们会从多个角度去观看三维雕塑，这一特点为设计师提供了丰富的创作空间：设计师可以从不同的位置塑造不同的灯光效果，灯具需要围绕着雕塑，也可以把一些灯具放置在固定点上（图 2–17）。

4.2 设施照明

景观设施主要有实用类和装饰类两大类，实用类的设施是要为人们服务的，有使用功能，在对这类设施进行照明设计时，应该根据其使用对象的活动来设计，具体分析设施的造型、大小、形态、材料等元素。而装饰类的设施要给予人们视觉上的享受，要有较强的表现力。

图 2–17

图 2-17 三维雕塑照明方式

图 2-18 座椅的照明设计

图 2-18

比较常见的景观设施有座椅、花器、景墙等。座椅在城市中是必不可少的设施，在进行座椅的照明设计时应该注意行人的安全和简洁的装饰效果（图 2-18），应该避免眩光的出现，以防影响人们正常活动与使用。花器的观赏性比较强，其底座通常是由水泥、石块混砌而成。在进行花器照明时，为了使其产生轻盈感和不影响植物在白天的美感，一般把灯光藏在基座内（图 2-19）。景墙照明是为了展示墙面上的内容，一般用自上而下的投光照明，灯具一般放置在景墙的前方，在进行景墙设计时，往往要注意对灯光角度和灯具与墙的距离的把握，灯光角度和灯具与墙的距离不同会产生不同的艺术效果（图 2-20、图 2-21）。

图 2-19

图 2-20

图 2-21

图 2-19 内藏式照明设计

图 2-20 内透光景墙照明

图 2-21 洗墙式照明

图 2-22 工业遗存构筑物的照明艺术

图 2-23 构筑物照明细部

4.3 构筑物照明

构筑物包含非常多的种类：有功能性的报刊亭、小桥、公交站台、凉亭、露台等；也有没有实际使用功能的介于雕塑和建筑之间的特殊构筑物，如公园的工业遗存等（图 2–22、图 2–23）。

构筑物的照明方法主要取决于构筑物的使用方式和它在整个景观环境中所处的地位。如果处于重要位置或者重要道路上的构筑物应该进行重点照明。对于功能性的构筑物，应该在保证其满足人们的安全需求和实用需求的前提下，增强其艺术效果。例如，对于既有实用功能又有装饰功能的构筑物，由于构筑物本身材质特殊，用光线照亮其内部将会产生不一样的效果（图 2–24、图 2–25）。

在进行构筑物的设计时应该考虑构筑物与周围环境的关系，考虑不同亮度带来的影响，例如高亮度之间产生的对比可以使人们的视觉更加兴奋，低亮度的对比可以帮助人们进行放松视觉、舒缓心情。在进行构筑物的照明设计时也应该注意灯光的隐藏性和安全性。

图 2–22

图 2–23

图 2-24

图 2-25

4.4 标识照明

景观空间中标识的作用主要是给人进行提示或者给车辆进行交通指导，具有功能性，标识的形状和外形多种多样，其照明方式主要分为内透光和投光照明两种（图 2-26、图 2-27）。标识照明样式的基本类型有发光字母、外部照明和发光背景三种，还有一些动态照明的标识。标识照明的选择往往取决于其被看见的方式和环境光，标识牌的反射性关联着灯光功率的选择。照明装置的外观需要简洁，应该在材料的选择和安装方式上多加注意，要保证标识的引导功能在夜间也能得到很好的发挥。标识光源需要定期的检查和维修，所以应该确定好维修的通道，同时在不便于进行维护的地方，应该尽可能选择寿命较长的光源。

图 2-24 具有实用功能的构筑物照明设计
图 2-25 具有实用功能的构筑物照明设计

图 2-26 外部照明的标识

图 2-27 内透光标识照明

第三章
城市景观照明设计的艺术手法

第一节 设计原则

1.1 美学原则

美学原则是景观照明艺术设计中最应受到关注的一大原则。美学原则的运用可以提升一个城市空间的品质，可以划分出更为清晰的城市空间层次，美学原则的运用可以营造出宜居、宜游、宜品的城市夜间休闲空间，丰富人们的夜间生活。一个好的景观照明设计必须具有良好的空间层次、使用功能，同时也要考虑其设计的色彩美感、形式美感、空间美感、肌理美感等。在过去的某一阶段，城市景观照明刚刚兴起，人们沉醉于新奇、闪耀的审美误区，让景观照明成为城市过度的资源浪费和光污染。因此，在进行照明艺术设计的同时，要注意景观照明设计不仅仅是为了营造灯光外观上的绚丽多彩，还要注意引导大众对照明美感的认知，对城市夜间景观的认同，营造一个高品质、舒适的城市环境（图 3–1）。

1.2 文化原则

随着城市化进程的不断加快，很多城市经历了大拆大建，许多老城区的历史建筑、街道从我们的城市中消失，导致一些城市逐渐失去了属于自己的地域特色景观。一些替代这些老建筑而建造的新建筑，其所用的材料、所建造的风格过于相似，出现千城一面、千楼一面的普遍问题。于是我们越来越倡导城市的有机更新，从物质空间的再造到精神文化的关注。文化是一个城市的灵魂，因此，无论是城市建设还是景观照明，都应遵循一个城市的文化内涵，同时体现出具有地域文化特色的夜间景观。我们要遵循文化原则，通过“光”的视觉传达，表现出一个城市独特的个性与文化，让身处其中的人们产生认同感。同时也应充分地展示当地历史面貌、独特文化习俗、特色建筑等具有文化底蕴的元素（图 3–2）。

图 3–1 注重层次与美感的城市景观照明

图 3-2

1.3 经济原则

城市景观照明可以给一座城市带来巨大的经济价值。城市景观照明通过完善其夜间景观，塑造良好的夜间氛围，可以使一个城市的观光旅游活动延伸到夜晚，可以刺激人们在夜间进行观光旅游、购物休闲等娱乐活动，从而提高城市的经济效益。例如重庆的洪崖洞，利用艺术照明勾勒出层层叠叠的特色建筑形态，创造丰富的空间层次和视觉观感。无论是外地游客还是本地居民，都着迷这魔幻的山城夜景，成为重庆城市旅游特色 IP。我们在遵循经济原则进行城市景观照明设计时，也应该考虑灯具的日常维修、投资方是否获得收益、投入资金与预计收益是否成正比等经济元素。

1.4 生态原则

绿色可持续是照明设计的重要原则。近年来，随着照明技术的不断发展，一些地方因为没有合理地进行照明设计和灯光运用，出现了光污染严重的现象，严重影响到人们的正常生活。同时，有些城市景观照明设计没有对灯具进行合理运用，导致灯光耗能严重，造成了巨大的能源浪费。所以我们应该遵循生态原则，在前期规划上，要注意设定合理科学的照明标准，在灯具的选用上，注意采用高效灯具和节能环保的灯具。在设计过程中，应该注意对灯光的把控，减少眩光、反射光对人们和环境造成的不良影响。在设计完成时，要注意对灯光进行完善的验收监管和维护修理。

第二节 构成形式与景观照明设计

从现代设计开始之时，三大构成理论就贯穿着整个设计，我国设计界提出的“三大构成”理念是对包豪斯的借鉴，把设计方式理论化。三大构成理论的确定为现代设计教学理论提供了基础。夜间景观灯具的平面布置、灯光色彩的搭配、夜间空间形态构成等都离不开对三大构成理论的运用，所以我们应该掌握三大构成的方法，并把其运用到夜间景观照明设计中去。

2.1 重复

重复是把一个基本形作为主题在固定格式中不断地进行重复排列的构成方式。在排列的过程中，要注意排列的方向、位置变化，同时要确保重复排列的美观性。在该构成方式中，一般是等比例的重复构成。重复的形式在平面构成中是比较常见的，其给人一种有韵律、有秩序的美感。

在夜景观设计中，重复这种构成形式也是比较常见的，例如道路两侧的路灯是最常见的例子（图 3–3）：夜晚时，道路两侧的路灯照亮了周围的硬质景观和软质景观。道路作为城市的“骨骼”系统，上面布置着等距离的造型相同的路灯，在平面构图上就像一条条不断延伸的光带。路灯不断重复形成了其特有的美感。

2.2 渐变

渐变是指把基本形按照大小、色彩、方向、虚实关系进行变化的构成方式。渐变构成主要有两种形式：一种要按照水平线、垂直线的疏密比例进行变化；另一种是把基本形进行有韵律、有秩序、循序渐进的无限变动（如方向、大小、

图 3-3

图 3-2 尊重地域文化的城市景观照明

图 3-3 以重复为手法的道路景观照明

位置、迁移等）。渐变这种构成形式可以使景观形式更丰富，设计师还可以运用这种构成形式来设计照明，给行人指引方向。

灯具本身的特性就是一种带有渐变的形式，灯光强度从光源中心向四周渐渐变弱，从空中看夜景观，所有的发光点都是一个个渐变的构成。渐变构成给整个夜景观环境增加了艺术的氛围。例如在水体照明中，水体下面安装的灯具发出的光芒使水体在夜间也呈现出一种渐变的感觉。灯具的使用总是离不开渐变构成的，在很多节日景观的灯光设计中也会利用渐变的灯光使景观产生一种延伸的感觉，在构图上也更具有方向性（图 3–4）。

2.3 肌理

肌理主要指的是某个平面的平滑感或粗糙感。在进行设计时，我们要对视觉肌理进行重点研究。在进行夜间景观设计时，也要考虑肌理的表现形式和形成的效果。在进行灯光设计时，要注意处理硬质景观和软质景观的材料本身的明暗关系，以及考虑加入灯光后肌理的呈现效果（图 3–5）。

2.4 密集

密集这种构成形式是在需要突出重点时常用的。对于基本形的密集需要有固定方向、一定的数量，一般伴随着从聚集到消隐的渐移现象，有时为了加强视觉效果，还可以通过把基本形进行重叠、透叠和复叠的方法来增加密集的程度和基本形的空间感。

在夜景观设计中可以用密集构成的方法来突出某一个重要的景观节点（图 3–6），一般来说，在平面图纸中，灯光聚集在哪个区域，那个区域的夜间景观效果就需要重点突出表现。

2.5 对比

这种构成是根据基本形本身的大小、方向、形状、位置、色彩等的对比，给人以强烈的感受。对比一般是突出主题、增加层次感常用的构成方式。

对比是平面构成中最常使用的一个构成方法。设计光源时要把重点的区域照亮，区别于其他黑暗的区域，这就形成了对比（图 3–7）。但是在设计过程中，要注意处理明暗的关系，不要出现过于昏暗或者过于明亮的状况，如果在设置灯光时使周围的景观过于昏暗，会不利于人们夜间安全出行，更不能凸显景观特色；如果过于明亮，则会减少夜晚的氛围感。要注意明暗对比也不应太过于强烈，否则会使整个景观显得冰冷、生硬，缺少生机。

图 3–4 以渐变为设计手法的道路景观照明

图 3–5 强调肌理的景观照明艺术

图 3-4

图 3-5

图 3-6

图 3-7

图 3-6 通过多种照明方式的重叠，达到密集的照明艺术效果

图 3-7 强烈的对比效果

第三节
构成规律与景观照明设计

在夜景观设计中，照明设计师需要掌握一些构成的规律，用灯光把原有空间划分出不同的区域，也可以用灯光塑造出一些形体，给人一种特殊的空间感受。

3.1 统一与变化

不同事物有自己不同的特性，统一是把各个事物的共同特点进行协调、融合。任何一个事物本身就具有变化的属性，变化可以产生视觉刺激也可以吸引人的注意力。变化这一构成体现在夜间照明的很多方面，例如灯具的不同、照明方式的不同、灯具布置方式的不同。光的照度和强度也会有所变化，光的强弱、明暗都会产生变化。灯具的不同排列方式会给人不一样的空间感受。在设计夜景观的变化时，应该注意变化的程度，如果只注重变化，不掌握节奏会使整个空间缺少秩序、杂乱无章。为了避免这种现象的产生就应该借助“统一”的方法来调控，需要灯具的造型、装饰、色彩、构图等元素和谐统一，还应该注意照明与整个环境，各种灯光的整体与局部之间的协调与呼应。统一与变化的结合运用可以使夜间景观有整齐美感的同时又有变化的趣味性（图 3–8）。

3.2 对称与秩序

对称与秩序这两种方式都可以起到视觉平衡的效果。在塑造稳定、庄严的视觉效果时，可以用对称的构成手法，可以形成一种有秩序和条理的静态美感（图 3–9）。但是对称的构成手法不能滥用，使用过度会给人单调乏味的感受，应该在对称与秩序中寻找一些变化，增加趣味性。夜景设计也需要运用对称与均衡的方法。对于比较单调没有趣味的夜景环境，要适当地添加一些灯光使其更加均衡；对于比较缺乏秩序、昏暗一片的景观，则要用灯具营造出一种柔和、稳定的美感。对称和秩序运用得当可以让灯光的布置达到亮度的均衡和色彩的平衡。

3.3 节奏与韵律

节奏是一种有规律的周期性变化和运动，而韵律是在节奏的基础之上产生的更深层次的形式上的抑扬和节奏上的多变。简言之，节奏是一种有规律的变动，而韵律是一种变化产生的律动美。夜间景观照明也运用了许多节奏和韵律的方法，例如在夜间的道路两侧布置着很多有序的路灯，随着道路不断延伸，路灯像两条不断加长的灯带向前延伸，给人一种动态的感受，节奏和韵律使路灯给人的视觉感受由静止状态变为运动状态，使空间层次更加丰富多样。通过改变灯光的颜色和明暗变化节奏，也可以使灯光产生动感。作为夜间景观环境的设计者，我们应该将富有节奏和韵律变化的设计融入景观照明之中，创造艺术化的夜景效果（图 3–10）。

图 3-8 统一与变化的照明视觉效果

图 3-9 对称与秩序的照明视觉效果

图 3-10 节奏与韵律的照明视觉效果

3.4 对比与调和

对比是指两个及以上分量、形状、性质基本相同的景观照明设计，在其并列或者接近时产生互相衬托的作用，使双方的特性和差异更加明显的一种方法，它可以使重点突出，取得一种生动活泼的效果。

夜间景观运用对比的构成方法有以下几种。

（1）明暗对比：在夜幕降临之后，灯光的出现会形成不同的明与暗，应该利用这种特性，用对比与调和的方法，制造出良好的明暗对比效果，使周围的空间更具有过渡意义和神秘色彩。

（2）虚实对比：在夜间景观中，可以把看不清的景观看作是虚的景观，而那些在灯光的照射下可以看清的景观就是实的景观。在夜间景观设计中，要注意虚与实的比例，虚的部分过多，会使整体景观不饱满、缺少趣味；实的部分过多，会使其空间布局过于拥挤，缺少层次感。

（3）动静对比：随着科学技术的不断发展，出现了很多新型灯具，原本纯静态的灯光也开始往动态方向变化，通过动静对比的方式可以使原有空间变得更有活力与生机。

对比不仅仅是一种对立的关系，它们也会相互影响、相互衬托，如果有两种对比形成了特定的美好效果时，对比就变成了调和（图 3–11）。

3.5 比例与尺度

比例是一种对比关系，尺度是指事物自己的体量范围。对于光而言，尺度的变化相较于其他实体更加灵活，灯具离被照射物体的远近、灯具的照射角度、被照射物的尺寸大小等都可能改变尺度。同时美的事物是离不开恰当的比例的，在夜景观环境设计中，有时要打破原有的比例和尺度来改善一些固有的“比例失调”的现象。不同的照明方式会给人不一样的尺度感受，泛光照明会给人开敞、辽阔的感觉，局部点光照明会夸大被照射物的尺度。

第四节 色彩要素与景观照明设计

4.1 色彩三要素

色彩对人们心理的影响力是非常大的，不同的色彩给人不同的感受，色彩可以很直观地展示灯光艺术（图 3–12、图 3–13）。灯光的照度也会影响人们对灯光效果的反应。德国克吕道夫提出了几个相关的准则：为了显示物体的正常颜色，可以根据不同的照度作为选择光源的依据，高照度时采用冷色，低照度时采用暖色。同时只有在恰当的高照度下，颜色才能真实地被反映出来，低照度不能显示出颜色的本性。

色彩的色相、明度和纯度，对灯光同样会产生非常大的影响。

色彩的最大特点就是色相，色相是可以确切地表示某种颜色色彩差别的名称。对于单色光，光线的波长对色相起决定性作用，而对于混合色光，各种波长的相对量对色相起决定作用。一个物体的颜色是由光谱成分和物体表面反射（或透射）的特性决定的。

明度是指一个色彩的明亮程度，不同的物体反射的光亮是不同的，反射率越高，明度越高，明度高会给人更明快的视觉感受。

纯度是指色彩的纯净程度，纯度可以表示出颜色中所含有的各种颜色的比例。如果在某种颜色中不断地加入白光，那么这种彩色光就会没有那么饱和，如果加入的白光达到很大的比例时，该光色就无限趋近于白光了。

4.2 色与光

自然界的所有色彩都来源于其能够反射的光的色彩，它是人的视觉神经受到光的影响时产生的一种感觉。自然界中不存在可以完全吸收或完全反射所有光的物体，所以也不存在纯粹的白色或黑色。光的三原色是红、绿、蓝，所有的光都是由这三种光调和而成，如果把两种以上的光混合在一起，会提升光的亮度，各种混合在一起的色光的亮度总和就是混合色光的总亮度，混合色越多，光度会越强，最后会趋近于白色光。如果把两种为互补色的色光混合在一起时，会产生白色的光，例如：红色光和绿色光、黄色光与蓝色光等。如果把一些色相一致的光混合在一起，那么最后产生的效果也会完全一样，亮度也是它们的总和（图 3–14、图 3–15）。

4.3 色彩与情感

每种色彩都会给人带来不同的心理感受，除了色彩本身的影响，还与人们的经历和人们脑海中产生的联想有关。美国色彩学者韦伯比林认为：红色的感觉是正方体和立方体，橙色的感觉是长方体，黄色的感觉是三角形，绿色的感觉是六角形，蓝色的感觉是圆形，紫色的感觉是椭圆形。康定斯基认为：颜色具有运动感，黄色具有扩散感，青色有内聚感，红色有稳定感。色彩不仅仅是一种艺术的表达形式，它也是人们表达情感的载体，不同的颜色会引起人们不同的联想，给人们带来不同的感受。不同的色相、明度、纯度都会给人们带来不同的视觉和心理感受。

英国著名心理学家格列高里认为：色知觉对于人类有重要的意义，是视觉审美的核心，深刻地影响我们的情绪状态。色彩情感的产生方式依赖色彩学，也要考虑心理学的运用，遵循以人为本的设计原则。美国的著名照明设计师查理凯利提出了心理学与照明的关系，率先将心理学应用于夜景的设计。照明的艺术设计应充分考虑色彩给人带来的心理的影响，根据可能产生的效果来进行灯具的布置、亮度的调整、灯光色彩的搭配等。

图 3-12 色彩与照明的完美结合

图 3-13 突出桥身颜色的照明

图 3-14 冷调的内庭照明

图 3-15 暖调的内庭照明

第五节 意境的塑造

5.1 恢宏庄严的意境

在恢宏庄严的主题空间里，一般会有一个占据主导地位的照明对象，我们需要对这个主体进行重点照明设计。在这种恢宏庄严的空间里，要注重对景观主题或空间中的主体物进行照明，可以用大面积泛光处理背景，以突出恢宏气势，同时要注重色彩简约，运用冷色为主的灯光来进行主体物的照明，可以让身处其中的人们感受到庄严的氛围。此类空间中的园路一般是呈对称分布的，所以其园路灯具就成了夜景中整个空间的骨架。道路灯具应该排列整齐有序，行道树的照明亮度要注意调整，不应过于明亮，可以采用上射照明。其中的植物照明，单独的观赏性的植物可以采用以下方侧射灯为主的照明方式进行照明，而对于那些由多种植物组成的植物群组，可以用地埋灯配合泛光灯的照明方式进行照明。对于大面积的树林，可以在树林边缘采用泛光照明，体现其树林边缘和整体的气势 。

5.2 古朴诗意的意境

对于古朴诗意的意境塑造，并不仅仅是重点塑造某个主题景观，而应该设计提供一些有观赏性的夜景观，可以使游走其间的人们停留观赏。所以在古朴诗意的环境中，可以采用间接照明的方式对景观进行照明。一些古朴诗意的空间往往有一些景石和其他构筑物来进行空间的点缀，烘托气氛，这些假山叠石的光源设计，往往是把灯具隐藏其中，引导光线向外照射。古朴诗意中的静态水体要重点突出其幽静的倒影，重点照射水边的景物，而动态水体更注重动感的表达，一般在动态水体边缘设置水下射灯或在水边布置射灯和庭院灯。园路照明设计需要在满足照明的前提下重点进行意境的营造，园路照明大多采用造型古朴的间接照明灯具，照亮周围的树木形成斑驳错落的树影。对于植物群组，则可以在植物周围布置侧射灯光进行照明，可以丰富夜间的空间层次，增添意境氛围。而大面积树林，可以采用地埋灯进行上射照明，作为景观的背景来烘托整体气氛。

5.3 安静浪漫的意境

安静浪漫意境的塑造需要打造一种朦胧的美感，想要使整个空间的光线朦胧而透明，就要注意营造光线和阴影的交错（图 3–16）。对于安静浪漫的空间应注意建筑主体要给人一种亲近的感觉，可以在大面积墙体的地方采用泛光灯照明与内透光照明结合的方式来进行照明。安静浪漫的空间一般会设置有趣味性的雕塑小品，所以在灯光照明上应该就近设置地埋灯，在侧方设

图 3-16 安静浪漫的意境

置泛光灯，以突出景观小品的细节。水体部分也应该要有巧妙的设计。如果是大面积的水体可以在水域边缘安装下射灯和池壁 LED 灯。对于其中的植物，要与周围环境形成一定的对比，对于单独的树木可以采用下方侧射灯为主，把行道树的灯具置于树上，让其向下照明。而对于植物群组，则可以在植物周围布置侧射灯照明，重点照明在植物的中部。而对于大面积的树林则需要突出树林的边缘，衬托出内部温暖的气氛，可以设置地埋或草坪灯进行照明。

5.4 欢快活泼的意境

在一些主题公园中，往往需要营造出欢快的意境。其中的建筑、构筑物照明应着重表现其夜间景观的趣味性与变化性，可以采用轮廓照明、泛光灯照明和投光照明相结合的照明方式进行照明。而静态水景的表达，可以适当运用彩色水下射灯，增强活泼的色彩，突出其趣味性。旱地喷泉可以加入音乐，设置地埋灯，突出水柱。对于瀑布和动态跌水，为了增强其动态效果，可以在跌水口处设置上射照明的灯光。喷水池中可以采用水下射灯来投射水池中的雕塑物体，既增加水池的动态，同时又丰富雕塑在水中的倒影，增强其趣味性。对于园路，则要在满足日常照明的前提下，采用造型别致有趣的艺术路灯或庭院灯。对于孤植的树木则可以用周围泛光灯进行照明或树下地埋灯进行照明，使其成为视觉焦点。而植物群组部分则可以采用部分地埋灯照明，着重突出植物的姿态。

第六节 地域文化的表达

每个城市都蕴含着自己独一无二、深远的文化，照明的文化也是伴随着城市发展而不断得到发展的。所以在进行城市景观照明设计时，要注意一个城市地域文化的表达，需要对一个城市的文化脉络进行仔细梳理。

为了避免夜间景观环境千篇一律、缺少人文特色，我们应该从每个地区中汲取一些能够表达出地域特色和民族文化的元素来进行景观照明设计。在进行设计时也要充分考虑景观空间的功能表达、性质特点、环境状况，再选择合适的元素进行设计，表达其文化内涵。

一座城市既有其独特的历史脉络，又有其时代性。在城市景观照明艺术设计中，我们可以用景观照明来展现出一座城市的历史，例如可以对一些历史街区、老建筑群、工业遗址等标志物来进行照明设计，凸显其丰富的历史文化背景。根据一个城市的地理特征、独特的地域文化来展开合理的景观照明艺术设计，是对文化价值的再创造，更是发扬和巩固一个城市的地域文化、发展夜间旅游、进行城市有机更新的一种强有力的手段。

6.1 历史街区景观照明

一个城市的老城区是一个城市最初的文明发展的起源与中心，它主要包括一些具有浓厚历史氛围感的街道、建筑，以及生活在其中的居民。它承载了一个城市的文化价值，也正因为如此，历史街区就像一座城市形象的窗口，可以很好地展示一个城市的地域文化。

（1）处理好街区的线性联系：历史街区通常以主要的代表性的景观联系来表达城市的结构特点。历史城市的标志性广场、建筑物、构筑物等景观元素可以通过这些联系组合在一起。历史街区的交通流线也需要得到很好的梳理，因为交通流线一定程度上左右着历史街区的交通便利性。

（2）划分街区主次结构：要对街区内的道路结构组织、空间形态组织等元素进行主次的划分，例如要分清历史区域内不同功能区域的主次关系和具有区域控制力的建筑物、构筑物与街道的关系等等。通过良好的照明设计，可以对白天历史街区的不和谐现象进行改善，可以通过灯光来把历史建筑的轮廓线进行强调，弱化突兀的现代建筑，夜幕降临时可以观赏到美丽的夜间景观。

（3）注意对街区形象标志的塑造：绝大部分历史街区都有一个标志性的中心场所或是标志性的构筑物，如灯塔、钟楼等。有一些比较高的地标性景观也会对老城区的轮廓产生影响，所以在历史街区的照明设计中，应重点刻画具有代表性的标志性景观或建筑。

（4）合理丰富地划分空间层次：人们的行为活动会影响空间的布局，而空间构成也会制约人们的活动，两者相互影响，相互制约。所以在进行夜间照明设计时，要给不同尺度、不同形式的公共空间营造不一样的氛围，创造出富有地域特色的夜间景观层次。

6.2 历史建筑的照明艺术

从中式建筑来看，通常可以采用泛光照明的方式来展示古建筑屋顶的全部面貌，具体而言可在屋顶暗藏投光灯向上投射到屋面，让周围的亮度都低于屋面亮度。对于古建筑的屋顶还可以采用轮廓照明的方式进行，沿着建筑的屋脊设置光带。这种轮廓照明方式可以把古建筑的屋脊、屋檐的结构关系形象地描绘出来。

对于中式建筑的屋身照明，可以将建筑结构和建筑艺术淋漓尽致地表现出来。可以选用上投光的照明，使光指向屋檐；也可以将投光方向由上而下，并按照柱位布置灯光，要着重突出柱子之间的韵律关系。中式园林中的建筑小品的用光则可以加入适当的彩色光来营造一种诗情画意的氛围。

中国古建筑的建筑细节，如斗拱、悬鱼、惹草等都是非常有特色的，也应该对其进行夜间照明的设计。对于这些特殊构件的照明，用少数功率高的灯投射来突出局部，并运用低功率的灯来配合，例如可以用狭角型投光灯进行照明；还可以用显色性良好、体积小、放出热量少的 LED 灯来进行照明。

在我国的上海、哈尔滨、大连等城市有很多国外的古典建筑，这些建筑也是我们城市文化的一部分。在照明设计中，我们应该将建筑特色与照明艺术结合起来，用低调、克制的照明手法为这些具有历史感的建筑刻画出鲜明的夜间形象。

我们一般根据欧式建筑的构图特点，如“横三竖五”来布置灯光，即把灯光分成几段，合理控制每段的光照强度，突出建筑的光影关系。利用大量重复的柱体、基座来布置灯光，还应该充分考虑建筑与周围环境的关系，多用单色光照明。

6.3 工业遗址的照明艺术

随着城市化进程的发展，城市建设已由增量提速转向存量发展。因此需要一种有机的城市更新模式。随着城市产业结构优化升级，大量的老旧工业厂房及相关工业设施面临改建、搬迁的局面。在今天文旅融合发展的背景下，工业遗产也成为盘活存量空间资源、建设新型城市文化空间、传承发展历史文化的重要载体和宝贵资源。保护利用好工业遗址，也有利于提升城市文化品质，推动城市风貌提升和产业升级，增强城市活力和竞争力（图 3–17）。

在今天的工业遗址的重新利用中，大量标志性的构筑物、工业元素是城市景观设计中的重点内容，其照明的艺术设计尤为重要。如图 3–18，这是利用工业建筑的框架进行照明艺术设计，通过将主体结构进行上投光与下投光的结合，着重体现工业美感，强调所形成的通道的空间感。

对于工业建筑，我们可以采用外投光的方式对造型突出的构筑物进行照明，如烟囱、管道、厂房等，以强调这些尺度大的部分，突出工业建筑的特征。

图 3-17 体现工业结构美的照明

图 3-18 工业遗址构筑物照明设计

第四章 城市景观照明艺术设计的分类解析

第一节
广场景观照明艺术设计

1.1 广场景观照明类型

城市广场按使用性质进行划分，可以分为交通广场、纪念广场、市政广场、商业休闲广场、休息娱乐广场等，它们在城市中的位置、相关主体建筑与主体标志物、空间形态与构成等方面也有较大的差异。但从各类广场在夜间的使用功能来看，它们在很大程度上均成为市民夜间休闲活动的公共空间。目前我国城市公共空间较为缺乏，各类广场在建成之后，都逐渐地成为市民夜间休闲活动的场所之一（图 4–1）。通常情况下广场夜景观照明大致可分为以下几种。

1.1.1 交通结点广场照明

这类广场由于地处交通枢纽附近，具有人流量大的特点，因此其照明应当突出引导性，在实现一般照明功能的同时还应当突出它的标志性物体，如标志性建筑、巨大雕像等。还有一点要特别注意，那就是注重灯光与夜晚环境互相的促进作用，从整体上科学把握灯光的节奏与平衡关系。

1.1.2 集会文化广场照明

集会文化广场同样是人流的聚集地。这类场所的照明范围十分宽泛，因此对核心区域要重点突出。在布局上，要清楚地认识到广场的观赏与表演多重用途，尽可能不遮挡人们的视线，保证其视野开阔。

图 4–1 照明设计使城市广场拥有昼夜两种不同的景观体验

1.1.3 纪念主题广场照明

纪念主题广场是比较严肃的场所，在选择照明时要突出主体。就光色而言，应当尽可能地选择弱色调，既要保持低调，又要突出重点。对大环境的把握，应当将更多光源集中于特殊纪念物。就灯具造型而言可以选择中规中矩的矩形类灯具，能更好地契合严肃庄重的主题。

1.1.4 娱乐休闲广场照明

娱乐休闲广场作为生活中最常见的广场类型，我们要注重营造轻松的气氛。在灯具选择以及灯光设计上要尽可能地符合欢快的情调。这类照明对于光色的选择较为灵活，可以按照不同区域的要求单独选择。当然就整体而言，仍然要保证照明度与环境色的和谐统一。

1.1.5 综合性广场照明

综合性广场具有多样化、多层级的特性。就照明设计而言，要突出表现它的层次感，将看似杂乱无章的物体有序地组合在一起，实现完整统一的整体效果。此外还需要从色彩、照明度等方面解读这种对立与统一，在突出中心的同时实现层次划分。

1.2 目前广场景观照明的问题

很多城市广场都进行了不同程度的夜景照明建设，但是在建设的过程中仍然存在很多问题。

1.2.1 缺乏对整体照明的规划

广场空间是由不同尺度、不同种类、不同功能的空间所组成，要想体现广场空间的特色，必须利用整体照明手段来统筹这些形态多样、层次丰富的广场空间（图 4–2）。目前，我国的大多数广场景观中不同尺度的活动空间的照明缺乏整体的规划，导致不同种类的活动空间之间的照明缺少关联性或是过于相似，无法很好地呈现广场应有的景观特色。

1.2.2 缺乏对市民活动和心理需求的考虑

广场景观照明能协助人们进行活动，满足人们的视觉需求是照明的作用之一。而今天的很多广场照明存在着照度值偏高或者偏低的情况。照度偏低会给活动者造成不安的感受，而照度偏高则会导致资源浪费，还有可能导致眩光。参与广场活动的市民对照明环境的评价是生理和心理共同作用的结果，而随着生活水平的提高，人们更加注重空间质量的精神层次。所以我们在进行广场景观照明设计时应充分考虑市民生理和心理的双重需求。

1.2.3 缺乏对照明设备的维修和管理

广场空间的照明设施很多是裸露或者可以触摸的，广场景观中有时会出现某一些照明设备自然损坏或者被市民人为破坏的情况。应加强对广场空间照明设施的维修和管理力度，对广场空间的照明设备进行相应的改进与对管理进行相应加强。

1.3 景观照明设计在广场景观中的重要性

广场作为公众城市生活的重要组成部分，其夜间环境直接关系着城市夜景的质量，营造广场夜景的根本任务是在实现娱乐休闲功能的基础上，为公众带来一场视觉盛宴，也能为人们夜间生活提供适宜的场所。广场照明可以

图 4-2 层次丰富的城市广场

突出广场空间在统一中的变化，给广场营造一个良好的夜间环境与氛围。广场景观照明设计可以营造良好的场所感，也可以很好地表达广场空间的特性。另外，还可以弱化、改善广场原有空间比例的不足，例如可以用竖向照明的方式来强化没有边界感的广场界面的竖向高度，达到增强广场围合感的目的。因此，景观照明设计对于广场景观设计是十分重要的。

1.4 不同空间类型的城市广场景观照明

1.4.1 开敞型公共空间

开敞型公共空间是指广场上没有闭合的公共空间，广场即是空间的主要组成部分。这种空间是广场上占地面积最大的、开放性最强的一类空间。这类广场空间主要被人们用来进行大型集体活动，如舞蹈表演、体育锻炼、观光等活动，主要给人们提供较大的展示自我、休闲娱乐的空间。开敞型空间的特点是：面积大、人流量大、空间开敞通透、平面形状较为规整。

针对开敞型公共空间的照明设计： 首先，针对在广场上公共空间活动的人群，应该满足其安全需求，应该对路面和附近行人进行照明。在夜间，活动的人群多有中老年人，考虑到其视力和人流密度，该时间段的公共空间照度要相对较高，并且要照度均匀。由于广场上的活动人群不止跳舞、锻炼的老年人群，还有一些青少年群体，所以为了满足不同人群的需求可以采用分段式照明设计。即在中老年人为主要活动的时间段，可以采用高照度的照明，而在其他时间段采取低照度照明方式。这样既可以起到绿色节能的效果，又可以对于广场活动时间有所引导。该空间的照明应有适当的照明均匀度，来突出开敞型空间的空间特点。同时要保证在该场地活动的人们，无论在水平方向和垂直方向都有较高的可见度，满足人们进行锻炼、舞蹈表演等相关活动的要求。

1.4.2 半开敞型空间

半开敞型空间相对于开敞型空间而言，它的开放性较弱，空间尺度、面积较小（图 4–3）。该空间中的活动内容较为丰富，人们在该空间常见的活动有散步、观景、休息、旅游观光等。该空间的特点是活动空间通常为线型的休闲步道或是供人们游走的路径，也可能是分散在四周的休息区域。半开敞型空间是人们休息、观景的区域，人流量较少，但人们在其间停留的时间较长。

针对半开敞型空间的照明设计：考虑到在该空间中活动的人们的安全性，同时考虑到在此空间内进行的活动具有长时性、私密性等特性，可以在走道区域设置步道灯（图 4–4），在地被绿化、座位等处设置草坪灯等灯具。

图 4-3 在道路中的半开敞型空间照明

图 4-4 利用下沉空间形成的半开敞空间照明

图 4-3

图 4-4

1.4.3 半封闭型空间

半封闭型空间相对独立，占地面积最小，一般位于广场偏后部的空间，主要给人们提供休息交往的空间，活动者可以有自己相对私密的空间而不被打扰（图 4–5）。该空间的特点是面积最小，呈散点状分布，形态不规整，多位于花坛、草坪等植物景观周围，多由一些景观构筑物或休息设施组成。

针对半封闭型空间的照明设计：由于半封闭型空间主要进行的是相对私密的交流，所以在满足照明功能性的前提下，不用对该空间本身进行刻意的照明设计，而应该用灯光着重衬托周围的环境（图 4–6），以达到人们的使用舒适需求。

1.5 照明与广场空间艺术氛围的营造

每一个广场都有它特定的属性、特有的文化内涵，我们应该具体问题具体分析，根据广场的属性，通过照明设计营造其符合广场特质的照明艺术氛围。

1.5.1 突出主题

通过各种灯光技法强化广场夜间环境主体，以形成主题突出的夜间环境。在绘画创作中可以通过极少的笔墨抓住物体的显著特征来塑造物体的特点，照明设计与绘画也是相通的。在照明设计中，也应详略得当，应该考虑对哪一部分做重点照明，哪一部分应该弱化作为背景衬托，使其主次分明，有层次感，能很好地突出重点。

1.5.2 艺术灯具的选择

优秀的夜景观除了对灯光本身的运用，特色灯具也是非常重要的元素。灯具自身作为装饰性的、艺术性的、有文化意蕴的元素，其形态应与整个地区的建筑景观风格相和谐，才能达到强化场地景观内涵的目的。在选择广场照明灯具时，要求所选灯具在夜晚能够满足功能性照明及艺术性照明。随着科技的发展和设施的艺术性提高，可选择的艺术照明设施种类很多，可以打造各种适宜的光色造型来烘托环境气氛。

1.5.3 灯光装置艺术的置入

灯光装置艺术打破了具体的艺术形式的界限，逐渐由光电艺术与造型艺

图 4-5 利用照明强调空间边界

图 4-6 用含蓄的照明方式烘托空间氛围

术、音乐、新媒介等结合在一起，具有强大的视觉冲击力，能给观者带来多维度、多层次的视听感受，增强与观众的互动。今天我们常常通过装置艺术介入广场照明设计来增加广场的标志性与艺术性。

在耶路撒冷的 Vallero 广场，设计师在该广场上设置了四朵红色的装置雕塑花朵。设计师在鲜红的花朵雕塑内部安装了感应器，有人从这里经过时，花就会慢慢地开放，仿佛在迎接人们一样，而当人走后，花朵会慢慢闭合。在夜晚，这四朵花又变成了夜晚的照明装置，吸引游客过来观赏的同时，也给原来无趣的广场带来了活力。

还有通过影像媒介介入广场景观照明设计，例如：在著名港口城市鹿特丹的广场上，艺术家用 20m 高近百米宽的电影院外墙展示了一个行人可以实时参与的互动投影作品——《身体电影》。设计者利用影像追踪系统与投影技术结合，将他们拍摄到的无数人像用投影机投到墙面上。行人与广场灯光在 2m 到 22m 之间，由于距离各不相同，所以能够产生大小不等的人形剪影，当阴影与投影场景中人像都符合时，再转换到下一场景中的人像投影。公众在环境中既能主动地成为参与者，也能不经意间出现在艺术作品中，增强了人与环境的联系。

总之，成功的广场景观照明艺术设计要在保证广场全局空间序列合理性的基础上，兼顾广场的属性、特征、内涵来艺术化地营造广场光环境。

1.6 广场景观照明艺术设计实例分析

项目名称：重庆国泰艺术中心和国泰广场

1.6.1 广场概况

重庆国泰艺术中心位于重庆市渝中区解放碑中央商务区核心地带，地处临江支路、江家巷、青年路和邹容路围合地段。2018 年由重庆市渝中区 CBD 管委会组织，对艺术中心建筑照明、国泰广场景观片区照明、中英联络处历史建筑照明，进行改造提升设计。

国泰中心广场占地面积约 8000 ㎡，南北跨度约 200 m，东西跨度约 100 m，平均宽度约 60 m。该广场由南到北依次被分成了四个部分——市民广场、艺术广场、森林广场和历史广场。市民广场是一片相对比较开阔的空间，可以对该商业区起到很好的缓冲人流的作用，可以为路过的行人、游客提供短暂休憩的场所。森林广场中设置了许多大台阶和可以供人们坐下休憩、乘凉的树池。而位于美术馆前的艺术广场因为与周围环境没有高低落差，处于该广场的人们可以很好地观赏重庆美术馆特色建筑造型，这里主要是给人们提供摄影、观景打卡的空间。而美术馆的西北部入口处是历史广场，这里曾经是中英联络处的历史建筑，展现了该地区浓厚的历史背景。这四个广场通过巧妙的设计形成了紧凑而富有变化的空间，给人们创造了良好的休憩、娱乐的环境。

1.6.2 广场景观照明设计

（1）国泰大剧院（图 4–7）：这是广场中的标志建筑物，有着夺目的造型和鲜明的色彩，也展示了重庆的地域特色。通过对它新的照明设计，使该建筑在夜晚也成为一个重要的地标，其立面照明的设计方式突出了建筑的构架特色，看起来是整体均匀的照明，以微妙的泛光方式展现了其三维空间。从远处看，建筑有一种平衡的美感，光线柔和，而接近它时，光影的对比给人留下深刻的印象。

图 4–7 国泰大剧院夜间照明

图 4-8

图 4-9

图 4-10

图 4-11

（2）重庆美术馆（图 4-8、图 4-9）：此建筑立面有着丰富的体块关系，高显色的线性 LED 灯具隐藏在与建筑表皮同色的定制灯槽中，定制灯槽设置于窗口的最内侧，提高了每个窗口单元底部与立面的光影对比，加强了建筑层次关系，塑造了强烈的几何体块关系，同时柔和、温暖的间接光也为所在的广场提供了该空间夜间生活所需的背景光。

（3）国泰广场（图 4-10）：在繁华的解放碑商圈中，这里有着难得的宁静。这是渝中区一个新的聚集空间，成为所有年龄阶段的人喜爱的公共空间。照明改造在利用原有的灯柱位置基础上，将原来的金卤灯替换为 RGB LED 光源，并改变灯罩结构，把可调投光灯和投影灯隐藏在新的可调节方向的百叶灯罩中，以便提供充足的照明，隐藏可见光的来源，营造氛围感，让广场多了一份色彩及趣味。夜晚，孩童尽情地嬉戏，人们安静地纳凉，同时远处充满魅力的建筑夜景也给人们带来视觉上的享受。

（4）广场花园（图 4-11）：其设计的概念是利用茂密繁盛的树群来让光线穿过它，所有的光线都隐藏在植物内部产生，树枝和树叶通过光源在地上投下奇妙有趣的影子，创造了一个静谧的氛围，地面斑驳的树影与行人交织，为城市花园创造了一个舒适、诗意的夜间氛围。

图 4-8 重庆美术馆建筑立面

图 4-9 重庆美术馆建筑细部

图 4-10 国泰广场

图 4-11 广场花园

第二节 街道景观照明艺术设计

图 4-12 功能丰富的城市街道空间

2.1 街道景观

城市街道是反映一座城市特色的关键，城市街道是由无数街和巷组成，正是这些带有当地特色的大街小巷形成了其独特的城市景观。简 · 雅各布斯在《美国大城市的死与生》中说："当我们想到一个城市时，首先出现在脑海里的就是街道。街道有生气，城市就有生气；街道沉闷，城市就沉闷。"城市街道是一个城市形象的重要指针，它可以反映出一个城市的政治、文化、经济情况。城市街道是城市的特色和活力所在，我们只有对街道景观设计进行深入研究，才能切实地改造城市街道环境，美化城市风景（图 4-12）。

街道景观的活动者不是从外部参与进去，而是从街道景观内部进行活动，在活动的过程中会投入自己的情感，会对街道及其景观产生自己的感受。街道景观主要由两个主体构成：自然景物、人工景物。自然景物与人工景物的比例、大小、位置关系都会影响到街道景观的风格特征。而城市的整体面貌、城市居民的生活方式、审美水平、城市文化的形成都受到城市街道景观的影响。所以，城市街道的景观构成不仅指街道本身的景观，它还包含了诸如街道铺装、街道旁的建筑、街道的形状等物理要素，以及进入街道后人的感受、人的活动等主观因素。此外，街道的历史文化、地域文化也是城市街道景观的重要组成部分。而随着社会的不断发展，人们生活水平的不断提高，人们越来越注重夜生活的质量，由于人们在白天面临着工作、学习的压力，夜晚则成了人们缓解自身压力的主要时刻。所以对于城市街道来说，夜间照明设计使整个城市在夜晚活跃起来，使其充满着欢快的色彩。

现代街道空间特点如下。

（1）功能综合化：街道空间为了适应现代城市的发展和人们日常行为的需求，已经突破了其早期单一的功能，融入并增加了很多符合大众要求和社会需求的新的城市功能。

（2）形态多样化：街道空间是由多种性质的建筑空间围合组成，该形态已经从二维平面转向复合化、立体化形态。

（3）良好的交通可达性：街道空间是地上、地下交通方式的组合，也是整个城市的“脉络”，可以供车辆、行人穿梭游走，该空间具有很好的交通可达性。

（4）具有更多的文化内涵：街道是集中展示一个城市人文特色和历史文化的地方，所以很多街道空间会设置带有城市特色的雕塑和景观小品来体现地域文化内涵。

2.2 街道景观照明目前面临的问题

2.2.1 街道照明设计缺乏个性

在今天的街道照明设计中，千楼一面、千街一面的现象普遍存在，忽视城市的历史文化背景，不关注城市整体风貌的街道照明设计依然存在，一些街道照明没有突出当地文化特色，街道照明设计使用的灯光色彩、灯具的造型还有照明的方式过于相似，缺乏特色。一些街道主题混乱，没有分清主次，缺乏个性。

2.2.2 街道照明设计没有很好地融合当地特色

照明设计风格与街道设计风格没有很好的统一，导致照明设计与其原有街道设计脱节。二者不能相映成趣，照明设计与当地街道风格显得格格不入。

2.2.3 景观灯光造成的光污染问题

一些景观灯光不考虑当地的生态和周边环境，不能充分体现其照明的造景作用，同时还给街道带来了光污染的问题。

2.2.4 过于注重功能而忽视美感

有些街道的照明设计过于强调功能，导致街道空间的照明缺乏设计感、缺乏美感，照明形式过于单一乏味，灯光环境缺少层次感和韵律感。而且有一些街道照明出现“重车不重人”的现象，没有给人们足够的照明，从而限制了人们在街道上的公共活动。

图 4-13 以突出黄桷树的城市街道照明艺术

2.3 景观照明设计在街道景观中的重要性

街道照明设计是一个地区的科技水平、经济实力、文化素养的体现。人们丰富多彩的夜生活离不开一个舒适的夜间环境。而舒适的夜间环境的营造需要靠照明设计来介入。在照明设计的介入下，人们可以在街道上进行娱乐休闲、旅游观光等活动。照明的运用可以使在街道上进行夜间活动的市民、游客更加安全，也可以增强城市的活力。所以照明设计对于街道空间夜晚景观的塑造起着非常重要的作用。

街道景观照明艺术设计是在街道中运用灯光、色彩，根据街道景观特色打造一个集科学性、艺术性为一体的夜间街道空间。可以充分运用光线的强弱变化、色彩搭配使街道产生奇特、美丽的景观，使街道环境在夜幕降临之后仍然可以光彩夺目，表现出一个地区特有的风格，可以吸引游客，推动经济增长，产生社会效益，也可以丰富街道的空间内容，塑造一个城市的良好形象（图 4–13）。

2.4 街道景观照明艺术的设计原则

街道是一个能够很好地体现城市面貌的橱窗，要想营造出好的艺术氛围，就必须遵循以下两个原则。

2.4.1 以人为本的原则

街道照明不仅仅要保证夜间交通安全，还要展示街区的精神与文化内涵，这就要求街道空间的照明设计要结合当地特色，以人为本。城市街道虽然有向外来游客展示当地独特面貌、发展旅游业的作用，但是更多还是为当地生活的居民提供便利。因此，城市街道的景观照明设计必须考虑到当地人们的风俗习惯、生活方式。比如南方与北方的差异，东方与西方的差异等。比起那种用高强度灯光直射或用跳跃多彩的灯光来营造夜间照明环境，一些人更喜欢单一色调、低照度的夜间照明，这些城市的夜间照明往往比较重视街道景观构筑物、公共设施、用低照度轮廓灯来对草坪进行照明，以及用内透光照明的方式来处理周边建筑的照明。

所以街道景观照明设计应该遵循以人为本的设计原则，尊重当地居民的生活习惯，充分发挥灯光的表现力，营造出符合当地人们心理需求的街道景观照明设计。

2.4.2 遵循照明美学的基本原则

街道的照明设计也要遵循照明美学的基本原则，即在街道照明中要根据不同的街道照明尺度来进行不同的设计，对于尺度较大的街道，可将夜间景观看作一幅艺术作品，需要注意构图和色彩平衡，对于小尺度的街道夜间景观应注意其照明元素的选取，着重处理其构成关系与色彩关系。同时街道照明也要满足以下几个法则：

（1）虚实对比：从街道的照明设计理念来看，街道照明是被两侧的建筑围合起来的以街道为整体而形成的区域。所以照明需要被用于两旁的建筑，通过对两侧围合的建筑进行照明，来衬托出街道空间。虽然被照亮的是街道旁的建筑，表现出来的却是“虚体”的街道空间。所以街道照明设计需要用虚实对比的手法来设计。

（2）显隐结合：街道景观由多种景观元素构成，在分配这些元素时，通常会用一些元素把主体部分遮挡起来，同时也要把某些次要部分显露出来。景观照明中运用前面的景物进行遮挡，似遮非遮，似挡非挡，让后面的景观因被照亮而成为焦点，由于前景的遮挡，反而会引起观者的想象，给人一种朦胧含蓄的美感。

（3）明暗对比：光与影是不可分离的两个元素，照明的独特魅力也正是体现在光与影的共生关系之中。街道照明设计应从光影艺术的意蕴出发，用独特的灯具和巧妙的布光手法来表达美妙的光影韵律和明暗效果。通过明暗虚实的变化、色彩的冷暖对比，从构图秩序、节奏上增加光的层次感，构成一幅色彩和谐、雅致简约、明暗有致、层次丰富的富有韵律的街道夜间景观。

2.5 照明与街道空间艺术氛围的营造

2.5.1 塑造街道景观照明的层次感

街道夜景空间是一个非静止的空间，它随着街道的变化进行相应的变化，好的街道照明设计要有令人感到舒适的空间氛围、统一的风格面貌，层次丰富而具有趣味性（图 4–14、图 4–15）。

（1）合理划分街道亮度：景观建筑作为街道照明的载体，在照明设计时，我们应该根据建筑立面的亮度对整体环境亮度进行调整，应按等级划分街道的照明亮度。对于街道的主要出入口和主道路可以划分为一级亮度，次要路段、街道弄堂可以划分为次一级亮度，边缘区域可以定义为再次一级的亮度水平进行设计。

（2）合理划分街道旁建筑的立面照明层次：街道旁的建筑立面通常由三个层次组成，第一层次是商铺延伸出来的广告牌与伸展出来的屋檐，第二层次是柱子的结构阵列，第三层次是建筑的墙面和窗户。设计时要用灯光对这三个层次进行区别，分别对不同的立面层次进行塑造，同时也要注意三个立面之间的联系，达到相辅相成的照明效果。

（3）历史街区街道的照明开合：街道的开合从景观角度看，要求其可以形成具有开放的景观空间，而从夜间照明角度来看，街道照明的光影变化是街道开合的特点。街道的开合与转折可以使明暗对比更加丰富，这样的照明营造方式可以增强夜间的空间感。

图 4–14 街道白天景观

图 4–15 街道景观照明

图 4–14

图 4–15

2.5.2 街道柔性界面的照明处理

街道上绿植的照明统称为街道的柔性界面，这一界面也是街道夜间照明的一大重要艺术特征。它可以使个体照明空间更加具有特色，也可以延展街道的照明空间。例如街道两旁的景观树就是一个很好的柔性界面，这些树既可以使街道空间更加立体，也利用树影婆娑的感觉增强了街道夜景的视觉美感。柔性界面可以中和过于硬朗的建筑界面线条，也起到了增加景观层次感的作用。

2.6 街道空间景观照明艺术设计实例分析

项目名称：华侨城欢乐海岸 PLUS 综合体

2.6.1 案例概述

华侨城欢乐海岸 PLUS 综合体位于广东省佛山顺德中心城区，毗邻顺峰山公园，连通桂畔湖水，是大湾区规模最大的城央文旅综合项目。曲水湾风情商业街是其一期开放区域，也是华南最大的街区式体验商业区，集中展示顺德美食文化。曲水湾风情商业街的建筑设计采用传统岭南建筑的院落式规划布局，由荷院、水院、戏院三大院落组团构成。以岭南传统建筑风格为大背景，使用大量山墙青砖、彩陶灰塑、花格门等传统建筑元素，打造了“顺德版《清明上河图》”。

2.6.2 主要景观节点照明设计

（1）山墙部分采用立杆泛光照明手法，立杆位置以及照射角度都通过精心设计，以确保光线柔和洒在山墙面，让墙面在夜间也不失质感。同时，光勾勒出屋檐，传达出岭南建筑信息，突出框型。

（2）戏院为互动最多的部分，戏院重点在于戏台，用具有较大光束角的灯具进行打造，渲染其热闹感，戏台周围的建筑与戏台进行了呼应，使演出的氛围扩大到整个围合的场所内。

（3）荷院（图 4–16）部分则采用小功率小光度角灯具表现细节，明暗对比较强，刻画其典雅、安静、温馨的照明氛围，体现建筑小巧而精致的岭南建筑格调。屋檐，立柱等独具特色的细节通过灯光进行层次分明的表现，在整体把控的前提下不忘细节打造。

图 4-16 荷院广场

图 4-17 状元牌坊

图 4-18 华侨城欢乐海岸 PLUS 街区整体规划

图 4-19 建筑整体照明设计

（4）状元牌坊（图 4–17）：伫立在曲水湾中轴线，让顺德辉煌的状元文化有了鲜活的载体。状元牌坊细节较多，立杆投光灯从牌坊两侧交叉对投，既能均匀打亮牌坊，突出其重要性，又能使石材的立体感得以保留，再在局部辅以小功率的投光灯进行重点刻画，牌坊的壮观与细腻表现得淋漓尽致。

（5）漫游在曲水湾建筑群内，找到空间交汇处，着重进行照明设计。拱门便位于这样的交汇处，照明的重点在于中空的廊道以及优雅的弧线处，可突出建筑的独特性。

2.6.3 街道空间照明规划

华侨城欢乐海岸 PLUS 街区从照明的整体规划（图 4–18）入手，以流线为线索，对道路系统、景观节点、建筑立面进行详细分析，用不同层次的照度水平、色温，以及动静态手法，规划出不同区域的不同氛围。勾勒、投光、吊灯、内透，利用各种照明手法，将现代风格和传统风格进行融合，表现建筑的轮廓形态和丰富的建筑细节。夜晚，行走在此空间，经历了一段从现代都市到传统岭南街道的时光旅程。建筑整体设计以岭南传统风格（图 4–19）为主基调，镶嵌顺德核心文化元素。传统—民国—现代的语言形成时空的穿越。照明延续时空的穿越，照明方式也相对应产生变化，让人们得到不一样的照明体验。

第三节 公园景观照明艺术设计

3.1 公园景观概况

3.1.1 公园景观特征

现代城市公园是由水体、植物、休息座椅、娱乐休闲设施、休闲步道、休闲广场、灯具、景观小品等多种景观元素组成的。城市公园是一种城市氛围的构成，能够给在城市居住的人们提供日常的室外休憩场地，提供更加亲近自然的娱乐场地，同时还可以展示地域特色。而公园景观设计就是通过各种元素的巧妙搭配来制造出千变万化、有趣味性的景致，用人工的手法来创造各种场景，为城市居民提供集中而各具特色的公共活动绿地。

3.1.2 公园的分类

公园如果按照景观类型可分为综合公园、主题公园和绿地公园三类。

综合公园：综合公园一般规模较大，各项设施、功能齐全。人们在其中的活动较为丰富，公园所包括内容也较多，广场、步道、水景、绿地、小品，以及服务型建筑等。

主题公园：主题公园的景观与公园的主题密切相关，不同性质的公园其侧重点也不同。例如：纪念性公园内的景观多是纪念性的雕塑或景墙；儿童公园内的景观则多为带有娱乐性质的游乐设施和充满童趣的卡通小品（图 4–20、图 4–21）；动植物为主题的公园景观多为具有自然特征的山石、树木或者木质的人造景观。

图 4–20

图 4–21

绿地公园：绿地公园中树木植被占据了大量的比重，而人造硬质景观所占比重较小。绿地公园中的景观以树木为主，硬质景观多为凉亭、座椅或雕塑小品。

3.2 公园景观照明发展现状与问题

近几年，城市公园照明往往没有得到其应有的重视，还存在很多问题需要解决。

3.2.1 灯具选型缺乏艺术性

今天很多公园的灯光布置没有从艺术设计的角度去考虑，特别是对于灯具的选择。大型综合公园的灯具使用量非常大，灯具也是整个公园重要的视觉元素。目前很多公园中只是随意地搭配灯具，只注重对亮度的追求，对灯具选型缺乏美感。导致很多公园的形象出现同质化现象，灯具的造型也与整个公园风格不相匹配。

3.2.2 意境氛围不突出

意境是公园景观的灵魂所在，而国内很多公园的景观照明没有对意境进行很好的塑造，导致公园艺术特色不明显、公园夜间景观空间缺少层次感和韵味，导致夜景的意境氛围不明确，出现千园一面的现象。

3.2.3 灯光没有整体规划，细节处理不当

公园夜景观是一个整体，而今天的公园夜间景观缺少整体布局和规划，有些城市公园各区域的景观照明“各自为政”，不考虑周围环境，也没有考虑灯光之间的搭配，导致公园特色难以突出，整体灯光杂乱无序。有些公园景观灯光设计缺少对细节的把握，在台阶、坐凳、步道等细节部分没有设置灯光，这些细节的缺失会导致人们行动不便，也会带给人们心理上的不适感（图4–22）。

3.2.4 地域特色不明显

我国民族众多、幅员辽阔，各个地区都有自己的风俗习惯和文化内涵，但是今天很多城市公园的夜间景观都过于相似，没有特色，不能很好地展示各个城市独有的地域魅力。

图 4–20 生动而有趣的儿童公园

图 4–21 色彩活泼的公园设施

图 4-22 注重细节的公园景观照明设计

3.2.5 缺少人性化思考

在进行公园景观照明设计时，需要对公园的场地进行调研，对使用者进行充分地分析，和公园管理者进行沟通交流，才能了解人们的使用需求和心理需求，从而在设计中遵循以人为本的设计理念。很多公园没有针对不同的区域、不同的人流量来设置不同亮度的照明，在导致资源浪费的同时也不能很好地满足人们的活动需求。还有一些公园的景观照明喜欢追赶潮流，在节日时频繁更换灯光设备，虽然在一定程度上迎合了节日气氛，但没有充分考虑人们的心理和生理的适应性，造成资源的浪费，公园景观照明是为人们在公园中进行夜间活动而设计的，过度注重节日照明会本末倒置，忽视了以人为本的设计原则。

3.2.6 存在安全隐患

由于公园面积较大，有些设计师没有进行很好的规划布局，导致有很多地方存在照明死角，照明亮度不足以给人们提供良好的夜间出行条件，这种环境也容易滋生抢劫、盗窃等犯罪行为。有一些灯具本身也存在一些安全隐患，如暴露的设置可能会造成儿童触电危险。同时，有些公园没有很好的管理体制，一些灯具损坏之后无人修理，不仅导致照明设备残缺不全，也会影响到白天的景观，更会影响游人的心理舒适度和安全感。

3.3 景观照明设计在公园绿地景观中的重要性

3.3.1 公园绿地景观照明可以丰富人们夜间活动

随着经济的高速发展，人们的生活方式发生了巨大的变化，人们越来越关注夜间活动的质量。公园是一个集绿化生态功能、文化功能、休闲活动功能为一体的场所，能吸引人们在夜晚去公园绿地等区域散步、聊天、约会、娱乐、跳舞及运动等。由于人们在夜间进行活动的时间日益延长，营造一个好的公园景观照明环境对于满足人们的需求十分重要（图 4–23）。

3.3.2 公园景观照明有利于塑造城市夜间形象

公园绿地的建设，特别是在当下提倡公园城市的建设策略，正是讲好承载幸福美好生活的城市故事，是改变城市中心格局，重塑城市形象的重要内容（图 4–24）。公园绿地景观照明可以丰富公园环境，塑造一个完整的城市形象，进一步扩大城市的知名度。

图 4-23

图 4-24

图 4-23 富有创意的公园景观照明

图 4-24 富有特色的公园景观

图 4-25 借鉴传统园林的
公园绿地设计

图 4-26 塑造意境的景观照明

3.3.3 公园景观照明可以促进城市区域经济发展

公园景观照明可以促进当地旅游经济的发展，许多城市公园都开始注重对夜间游园的规划与设计，吸引更多游客，增加经济效益。好的公园夜景规划可以突出区域的夜间形象，带来更多的投资，对周边地段的经济发展起着重要作用。同时，公园景观照明设计也带动了灯具设计与制造、景观设计、广告设计等一系列相关产业的发展，使景观照明行业具有更加广阔的前景。

3.3.4 公园景观照明为夜间出行提供安全保障

公园中大量的绿地会带来很多“潜在的危险场所”，例如茂密的植被丛、深夜的偏僻步道、临水的区域等有安全隐患的地方。这些地方白天可以给人们提供很好的休闲场所，夜晚却因为其隐蔽性会导致事故发生的可能性提高。根据心理学相关调查资料显示，良好的照明环境的营造，可以大大减少犯罪事故和交通事故的发生率，人们在好的光环境下也会感到更加安全舒适，所以公园景观照明对于维护游客身心健康有着重要的作用。

3.3.5 公园景观照明设计有利于发扬传统园林文化

很多公园绿地景观都融入了传统园林的设计手法，很多公园的造景手法也运用了“虽由人作，宛自天开”的自然观念（图 4–25）。同样地，公园绿地景观照明设计也可以从传统园林的照明中找到灵感并将之发扬光大。传统园林中的漏与藏、虚与实、远与近、多与少等变化的处理，可以结合到公园绿地中的植物、水景、山石、小品等当中进行照明设计，营造自然而有韵味的公园夜间场景（图 4–26）。

图 4-25

图 4-26

3.4 公园景观照明的类型

在众多城市空间中，公园绿地是被广大人民群众所喜爱的夜间活动场所，也是在夜间人们停留时间较长的地方。这和公园有着多种休息设施、人性化的休闲步道、有趣的照明设计有很大的关系。

公园主要具有生态功能、休闲观光功能、传递文化功能这三大功能。这里根据公园绿地的性质和特征把公园景观照明主要分为硬质景观照明和软质景观照明这两大类进行讨论。

3.4.1 硬质景观照明设计

公园景观中的硬质景观主要有山石、道路、建筑、园林小品、景观雕塑、户外休闲运动设施、休闲广场等。而这些硬质景观的夜间照明设计追求的灯光效果和艺术氛围也各不相同，在处理硬质景观的夜间灯光时，不能一概而论，应该具体问题具体分析，例如公园绿地景观中的雕塑小品应该突出其个性，采用独特的照明灯光。硬质景观和软质景观截然不同，它们的形态、质感完全不同，硬质景观主要强调的是其硬朗的外形、独特生动的造型。应该用灯具在空间中相应的角度和位置进行设计，重点刻画硬质景观点、线、面的独特外形和质感，给人们带来独特的视觉体验（图 4–27、图 4–28）。

3.4.2 软质景观照明设计

软质景观主要是指草坪、树木等自然植物形成的景观。软质景观可以供人们观赏，通过不同类型的组合组成丰富的植物景观，也可以起到分隔空间的作用。在夏天，还可以供人们遮阳，同时对土地可以起到防止水土流失的

图 4-27

图 4-28

图 4-27 公园中的座椅照明

图 4-28 公园中的构筑物照明

图 4-29 公园中丰富的光影变化

图 4-29

作用。植物主要分为草坪、花卉、树木等，具体又分为乔木类、灌木类、藤木类、露地花卉、温室花卉、冷季型草坪、暖季型草坪。每种植物都有其独特的生长方式，我们在设计植物照明的灯光时，应该充分考虑到每种植物的生长习性，针对不同种类植物所需要的光照调整其照明灯光的亮度、色温、强度等。

3.5 公园景观照明的艺术氛围营造

3.5.1 光影变化

在公园景观照明的设计中离不开对光与影的关注，光影的并存才构成了完整的照明设计形态，同时光与影的变换营造了空间的氛围。光与影不仅可以表现出很好的艺术效果，通过光与影的不断变幻，还可以给予观赏者不同的心理变换，引起观赏者的无限联想。在公园中可以利用光影来创造层次丰富的空间环境，营造出可游、可思、可品的意境（图 4–29）。

3.5.2 明暗对比

由于人眼具有感光特征，所以人们的视线通常会被明亮的事物所吸引。而我们可以利用这一特点，把公园中景观照明的明暗对比进行合理设计。光影的明暗对比不仅可以形成视觉中心，突出景观主题，还可以丰富空间的层次感，使空间光影效果丰富而不杂乱。因此，在公园绿地景观空间中可以把想要展现的主要景观用强于其他景观的亮度展示出来。

图 4-30

图 4-31

图 4-30 公园景观照明中的虚实变化

图 4-31 富有活力的公园景观照明设计

3.5.3 虚实变化

在夜晚，我们一般把将灯光下清晰可见的景看作实景，模糊和无法看清的景就是虚景。影也是虚景的一部分，光影没有明确的界限，光强则影强，光弱则影弱。在强光的照射下，能够显现景物的立体感、增大物体的体量以及拓宽空间尺度；弱光则反之。光影的虚实可以理解为夜景中可见光与没有边际的影的组合关系，也可理解为实际存在的景与某种意境、虚幻的景所形成的意境。我们可以利用投影或是其他光学设备形成一种有空间感却没有实体的“虚空间”，这种虚空间可以造就夜间的公园的独特氛围（图 4–30）。

3.5.4 动静相宜

静态光和动态光会给人带来不同的心理感受，其所呈现出的艺术效果、照明效果也不相同。如图 4–31 所示，有节奏感的照明布置是呈现动态灯光效果的手段之一，它可以使死气沉沉的公园更有活力，使公园夜景更有节奏感和动感。而静态的灯光则会使公园空间更加静谧、空灵。

虽然比起动态灯光，静态灯光吸引观者注意力的能力要低一点，但是在一些追求宁静氛围的公园中，如果设计动态的灯光过多就会破坏这种氛围感。我们可以用线光源来勾勒桥体和水岸的边缘，这时，由于水面具有投射作用，在静态灯光的照射下可以使桥在水面上形成柔美的倒影，这样不仅可以使水生植物、桥的轮廓很好地展示出来，还可以强化水体的边缘，有效地提醒人们防止落水。而动态灯光比较适合制造一些欢快、热闹的氛围，动态灯光更能调动人们的情绪。可以在特殊节日时，用动态的水幕表演来活跃节日氛围。综上所述，只有合理地处理好光影的动静关系，才能充分地营造好的公园夜间景观的艺术氛围。

3.5.5 巧妙布局

公园里的灯具种类繁多，不同种类的灯具布局形式也不同，其光源的表现方式也不同，这就要求我们应该合理安排灯具的位置。我们在进行灯具的布局时，应当繁简适宜，如果布局过于简单会使观赏者感到单调乏味，而如果过于复杂烦琐就会导致杂乱烦冗、缺少美感。合理的布局可以使照度合理，同时也可以使装饰更加有韵律感和艺术感。公园里灯具的布局应该要在满足实用功能的前提下，结合周围的环境运用艺术构成的手法合理布局。

3.6 公园景观照明艺术设计实例分析

3.6.1 案例概述

项目名称：七彩云南欢乐世界主题乐园

项目地址：云南昆明

照明设计单位：碧谱（BPI）照明设计有限公司

该案例是七彩云南欢乐世界主题乐园的照明设计，选址在古滇王国故地——昆明晋宁滇池旁，诺仕达集团期望创造出“七彩云南·古滇王国欢乐世界”主题乐园（图 4–32），重现两千多年前古滇王国隐匿的历史。

该乐园拥有四季花海、幻滇奇域、滇军营地、万象部落、霜月寒洲、洪荒秘境、童梦世界七大主题分区，设计师本着尊重原场地文化精神、绿色环保的原则，营造出了妙趣横生的光环境体验，使来到这个乐园的每一位访客都能感受到不一样的异域风情与文化内涵（图 4–33）。

图 4–32

图 4–33

图 4–32 七彩云南欢乐世界主题乐园鸟瞰图

图 4–33 七彩云南欢乐世界主题乐园

图 4–34 四季花海

图 4–35 童梦世界

图 4–36 童梦世界室内儿童游乐场

图 4-34
图 4-35
图 4-36

3.6.2 特色景观节点分析

（1）四季花海：用光线勾勒出飞起的屋檐，用七彩的点光源来进行装饰，使走入其中的游客仿佛来到了迷人的花海之中（图 4-34）。

（2）童梦世界（图 4-35）：室内儿童游乐场所，在满足均匀柔和高亮度的功能照明的基础上，利用舞台剧的照明手法，渲染出蓝色天空背景，刻画出空间层次的立体感，极大拉大空间色彩的冷暖对比，突出乐园戏剧趣味和加强舞台节奏及艺术感染力（图 4-36）。

图 4-37

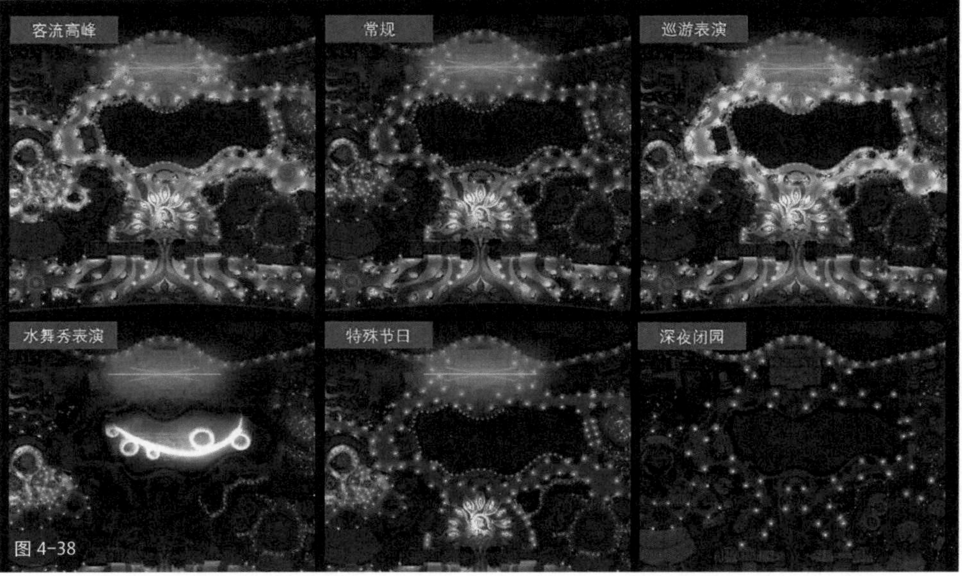

图 4-38

图 4-39

3.6.3 景观照明设计分析

设计师没有大刀阔斧地去布置大量的灯光，而是克制地控制着无效的溢散光，使原本美丽的星光散发着迷人的魅力，借助自然光来照射出园区的建筑，显现出了独特的地域景色，在明与暗的对比中体现出古滇王国的神秘之美（图 4–37）。

园区的路灯光线是通过低色温漫反射后发出的，具有柔和之美，同时也根据地域文化设计出符合当地的特色装饰灯具，采用深藏的下照光源来满足照明需求，同时可以很好地避免“灯下黑”的现象出现。

在整个园区的灯光运营方面，七个区域之间的照明相互联系又各有特色，会随着游客的游园路线的变动带来不同的景色。在客流量较多时，为了更好地引导广场的人流聚散，会打开全部的一级道路景观灯；而在日常情况下，仅需打开景观灯下部吊灯，满足其必要的照明需求即可；在巡游表演模式下，会打开巡游道路上所有的一级道路景观灯，重点突出照明巡游表演；如果遇到重要节假日，为了营造特殊的节日氛围，会用灯光对一级道路做一些光色的渲染；在园区内的水舞秀表演时，为了达到最好的演出效果，将会关闭园区内一些影响表演的灯光，突出其表演的视觉效果（图 4–38）。

园区内的照明设计不仅是为了起功能照明的作用，也是为了展示原有的景色面貌，引起游客的共鸣，给游客带来感官与心灵上的享受。该园区在夜景中融入了古滇文化，为该地区展示了一个独特的夜景角度，增强了当地的历史文化氛围（图 4–39）。

图 4–37 园区内明暗对比

图 4–38 园区的灯光运营模式

图 4–39 园区夜景

第四节 滨水区景观照明艺术设计

4.1 滨水区景观

4.1.1 滨水区景观特征

城市滨水区的定义可以概括为“城市中陆域与水域相连的一定区域的总称”，一般包含水域、水际线、陆地三个部分。滨水景观的地理位置在陆地与水之间，其景观内涵主要包括自然风景的特色与滨水区人文景观的建设。滨水空间是一个陆地与水面交接的空间，横向上依次为水、驳岸、林带、滨水公园、沿江大道、城市建筑等。滨水区是城市景观中具有特殊性的一种景观，不仅能体现出一个城市的生态环境，也可以体现出一个城市的空间魅力。

滨水景观不能脱离整体风格进行设计，滨水区在城市的发展中历经沧桑变化，它记录并见证了城市的生活、历史和文化的发展与变迁。许多风土人情、地域文化都沿这一区域保存下来，可以说，这种城市中独有的区域承载了当地最为深厚的文化底蕴。所以要对一个地区的地域特色、历史文化、风俗习惯、艺术内涵进行充分的调研之后，结合学习其他城市的成功经验来打造具有当地地域特色的滨水景观照明。

滨水区由于其独特的地理风貌，是表现城市个性的极佳场所，开阔的水面使滨水环境在物理方面具有开放性，同时，水面还给城市和建筑提供了良好的观赏点，照明设计可以使滨水区在夜间成为展示城市连续景观的重要载体，所以滨水区的发展对于促进一个城市旅游的发展是非常重要的（图 4–40、图 4–41）。

图 4–40 滨水景观构筑物景观照明

图 4–41 滨水区景观照明

图 4–40

图 4–41

4.1.2 滨水区景观照明发展现状与问题

我国在城市滨江路建设初期，往往用单一照明方式进行照明，与城市商业圈丰富的夜间照明形成鲜明的对比，导致滨水景观照明发展出现以下问题：

（1）滨水景观的照明与城市整体照明效果不统一。

（2）景观照明设计缺乏地域特色，同质化现象严重。滨水景观往往只凸显了滨水空间的结构，却忽视了滨水空间的精神文化表达，忽略了当地人文特色的融入，缺乏地域性特点。

（3）照明灯具造型与周围环境的搭配缺乏设计。灯具造型设计没有得到很好的运用，与周围滨水环境格格不入。

（4）夜景照明过于注重经济效益，有些地区只在节假日或旅游出行高峰期才对外开放某些照明设备，使其丧失了照明原本的功能。

（5）滨水景观带照明层次紊乱。一些水体的照明忽略了岸线照明，驳岸的照明灯具的设置比较稀疏，其照明的方式简单，都是以路灯为主；滨水公园中的很多植物照明光色单一；沿江步道上的行道树没有照明，绿化带照明缺乏形式感；临水的建筑立面灯光色彩不统一，没有体现建筑轮廓照明线条的连续性、韵律感等。

（6）滨水空间照明光污染问题。城市间的灯光相互攀比亮度，导致光污染问题产生。例如过度的滨水空间照明会对滨水区的植物造成大量辐射影响。一些滨水雕塑灯光的投射角度产生的眩光会影响人们夜间出行的安全。

4.2 景观照明设计在滨水景观中的重要性

（1）改善提升城市形象。城市滨水区是一个城市与自然连接的通道，其作为特殊的城市结构部分，可以使一个城市的形象得到改善与提升。

（2）推动城市经济发展。滨水区作为城市中比较特殊的城市活动中心，可以吸引人们到滨水区进行夜间活动，从而推动滨水区的经济发展。

（3）有利于居民身心健康。今日不断加快发展的社会，城市中心被越来越多的办公、商业空间所占据。由于生活节奏的加快，人们的压力也越来越大，人们在滨水区域活动是释放压力的有效手段。在一天的工作结束之后，人们可以到滨水区吹吹晚风，散散步，瞭望辽阔的水面，让自己的压力得到释放。而这个时候就需要景观照明设计的介入，发挥滨水区的魅力并吸引人们前往（图 4–42）。

图 4-42

图 4-42 良好的滨水景观照明是城市独特的风景

图 4-43 正确地规划滨水区的灯光强度

图 4-44 滨水景观构筑物景观照明

4.3 照明与滨水区艺术氛围的营造

（1）正确规划滨水区的灯光强度：如果一个区域的灯光亮度没有区别、千篇一律，那么整个夜景的观感就会非常混乱、没有层次感。所以应该对滨水区灯光的亮度加以区分，重点区域用较亮的灯光突出主题，次要景观区降低亮度，以达到层次分明的照明效果（图 4-43）。

（2）打造充满活力的灯光效果：可以适当采用动态的灯光效果，同时在灯光的闪烁频率和闪烁次数上进行设计，给观者带来视觉上的动态冲击。

（3）场景感的营造：可以将科技介入滨水区的照明设计，把视觉和听觉加入滨水区的照明设计中去，营造出声、色、光影的综合艺术氛围。利用自身的地形特征，把滨水空间当作一个大的场景，用不同强度、不同色彩的灯光进行渲染，营造出前景、中景、远景的空间层次。

（4）合理搭配光色：在滨水景观中，将不同的区域用不同的灯光进行色彩搭配与分区，使景观的层次感和韵律感更加丰富，创造出不同的艺术氛围。

（5）营造富有内涵的景观照明：在滨水区景观照明设计中，需要强化亲水空间的照明，同时，要对符合当地文化特色的景观构筑物进行重点照明（图 4-44），这样才可以使参与到该空间的人们感到亲切。不仅要把握小的景观点的照明，更要有整体意识，注意利用照明对景观环境整体空间的审美把控。

图 4-43

图 4-44

4.4 滨水景观照明艺术设计实例分析

4.4.1 案例概述

上海市黄浦江杨浦段景观照明设计

杨浦滨江位于中央商务区与北部重工业和港区的过渡地带，是综合开发向北推进并辐射带动中心城中北部区域发展的重要区域，滨江地区也是上海近代工业最早、最集中的代表性区域。

杨浦区南段滨江核心区夜景照明范围包括杨浦大桥至秦皇岛路游船码头，共分二、三、四、五期沿江区域，岸线长度 2.8 公里，包括该区域内的建筑、绿化、水体、公共开放空间、功能性道路、广告标识及临时性灯光表演等载体。

4.4.2 设计背景

为加快推进黄浦江两岸综合开发进程，按照“高起点规划、高水平开发”原则，打造“百年大计、世纪精品”的总体要求，充分发挥杨浦优势和特点，上海市政府希望将杨浦滨江建设成为体现黄浦江两岸地区“重塑功能、重现风貌”的代表区域，为进一步提升黄浦江两岸景观照明品质，更好地服务于上海市社会、经济、环境的协调发展，改善人居环境，延续城市文脉，建设生态环境，实施和管理景观照明提供基本依据。

杨浦滨江作为黄浦江现代服务功能向北延伸的重要发展区域，将突显智慧创新、文化体验、生态宜居理念，形成科技和文化体验聚集带，打造上海“智慧”滨江。

4.4.3 设计愿景

（1）建立一条连续且舒适的沿江公共灯光走廊；
（2）勾画一条错落有致的天际轮廓线；
（3）提供一批形式多样的夜景照明载体；
（4）打造一个充满活力的公共生态环境。

4.4.4 设计主题

光融杨浦·智慧滨江·点亮未来

围绕杨浦百年工业文明打造黄浦江上以历史记忆、生态环境、智慧科技、创新未来为主题氛围的生态滨水空间；以舒适宜人的灯光环境刻画连贯的滨水步道，渲染出以人为本，幽静、舒适、宜人的滨江环境，地块内用低色温光源来对建筑群进行归明，展现历史积淀下的人文光芒。融合智能照明技术，通过艺术化手法，为杨浦滨江南段造景添彩，打造生态化、多样性、可持续发展的公共环境，还江于民，为市民提供休闲、娱乐的重要场所。

黄浦滨江
景观照明实景

图 4-45—图 4-50 黄浦滨江景观照明实景

图 4-45

图 4-46

图 4-47

图 4-48
图 4-49
图 4-50

第五节 城市公共空间灯光秀

5.1 城市公共空间灯光秀概况

在20世纪80年代，我国出现了城市照明设计的相关理论研究，此时的研究还侧重于对单体建筑的灯光研究，直到90年代初期我国引进了公共艺术的相关概念，关于城市公共空间与艺术的相关思考纷纷涌现。到了21世纪，随着新型灯光技术的发展，设计师更加注重对城市公共空间的艺术氛围的营造，从而带动了照明设计的发展，也使得照明从过去单一的功能性演变为注重艺术性和科技性的结合，灯光效果也越来越注重对艺术性的表达。在这种文化背景之下公共空间灯光秀应运而生。

灯光秀是一种全新的公共空间造景模式，是指在特定的一段时间内，在城市公共空间中，以光影为主要艺术形式或艺术表现手法的大型城市节庆活动。灯光秀并不强调单独的、实体的艺术作品呈现，而更注重“事件性”，注重通过灯光秀活动来完成与公众的交流，达成对公众的公共聚集带来的正面影响。

今天演艺科技的飞速发展，智能化的舞台灯光科技、丰富多样的多媒体视频技术都随着灯光网络化控制技术飞速发展，灯具的性能不断提高，国内旅游夜景光环境逐渐向动态的、智能化的方向转变，这些都为照明设计提供了很大空间。很多城市景观照明开始把目光转向集灯光、视频、声音等多种元素为一体的灯光秀上面，设计师把灯光秀这种艺术形式运用到公共空间中，使艺术形式更加多样化，游客的观赏体验更加丰富。我国有五千多年的历史底蕴，而丰厚的文化和历史底蕴给灯光秀作品的创作提供了大量的素材和源源不断的创作源泉。

5.2 公共空间灯光秀的特征

（1）虚拟性

公共空间灯光秀最突出的特征就是虚拟性，投影技术的特性决定了灯光秀的形式需要依靠光在某平面上的折射来呈现。虽然有一些裸眼3D技术可以呈现出非常逼真的效果，但是这种视觉效果是由于人眼结构造成的视觉误差，所以从本质上来说还是虚拟的。

（2）文化性

数字媒体时代下，灯光秀艺术运用各种技术手段，结合数字化影像的呈现方式，能够打破观者原有的审美经验，产生不同的感知体验。它破除以看为主的传统艺术表现形式，创意地加入动态影像、声光效果、互动装置，营造出沉浸式的空间场域情境。在此之上，它能带来视觉上极大的震撼，更增加了人们对艺术作品更深层次的理解。灯光秀艺术也是文化的一部分，一个地区的文化属性会对艺术作品产生一定的影响。不同的文化也造就了不同的审美情趣，审美又能够直接地影响艺术的创作和表达。

（3）开放性与互动性

公共空间具有开放性，所以决定了灯光秀这种公共艺术表现形式也具有公共性。灯光秀的互动性表现为作品、参与者、设计师、公共环境之间的互动与沟通。灯光秀的开放性和互动性决定其能使观众成为第二创作者，这就使参观者可以在灯光秀展示过程中进行带有自己情感的再创作，所以他们的参与增加了灯光秀的艺术效果。对于公共空间而言，由于参观者与灯光秀作品的互动，也是与公共空间的互动，所以城市灯光秀使城市公共空间的开放性进一步增强。

（4）多重体验

灯光秀艺术能够带给人多重体验，不同的灯光秀艺术会给受众带来不同的体验。大致可以分为感知系统的体验、运动系统的体验、心理的体验和多维度的体验。

（5）科技性

虽然被称作灯光秀，但是灯光秀的表现形式不仅仅是由灯光组成，而是要借助机械、影像、灯光、声音设备等多种科技设备进行综合演绎。灯光秀艺术产生的基础是科学技术的进步，科技革新是它强大的发展动力，为灯光艺术更好地融入公共空间提供了更多可能性。灯光秀是以信息处理技术为核心，借助最新的科技成果，来创造出具有文化内涵和炫酷科技感的公共艺术作品。

5.3 目前公共空间灯光秀发展现状

21 世纪以来，照明的发展有了质的飞跃，灯光效果从过去注重灯光的功能性向注重灯光的艺术性、表现性转变。现代城市照明不仅仅是传统意义上功能性照明，而是要注重对文化发展的表现和艺术氛围的营造，灯光秀这一形式也因此得到了飞速的发展。

而灯光秀常以多媒体视频作为主要文化视觉载体，是因为多媒体视频可以较为便捷地把地方人文内涵和文化元素提炼成直观的视觉元素。多媒体视频相较于灯光、音响等视觉表现手法而言，更加具有文化载体的属性。所以近年来，在公共空间光环境中，多媒体视频的呈现方式主要为灯光投影和建筑 LED 媒体立面这两种类型。

5.4 目前公共空间灯光秀面临的问题

灯光秀运用灯光、声音、影像等媒介刺激着观看者的感官，丰富视觉效果的同时也可能给人们带来负担，如光污染和噪声污染。

而在不同的空间中，这种亮度变化也会对生活在之中的人们产生不同的影响：如果是在比较繁华喧闹的商业区或者气氛活跃的广场，灯光秀带来的环境灯光的变化、灯照强度的增加对原有空间活动的人的影响会相对较小。但是如果是在住宅区周围或者比较静谧的公园周围，会打破其环境中静谧放松的气氛，也会影响原有居民和活动者的休息、娱乐活动。

有些灯光秀会加入声音来吸引人们，但是在设置时，如果没有考虑到声响的类型，也没有考虑到对于音量的合理控制，使用一些高分贝或者极具冲击力的声音，也会打扰到人们的正常休息，形成噪声污染。

有些商家或者设计师为了突出灯光秀效果，一味地追求表面亮化效果，导致城市出现过亮、过于花哨的灯光秀，不仅破坏周围环境，还造成了资源的大量浪费。

5.5 公共空间灯光秀艺术氛围的营造

（1）强化互动与交流

交互性作为新媒体艺术的重要元素，不仅吸引人们进行观看，还有进行双向交流的作用。灯光秀这种新媒体艺术不仅仅需要给人们带来一定的新鲜的视觉刺激，更需要使参与进去的观众有所收获，其交互性就是人与设计者的一个交流，同时也是与展览场所、所在城市的一种交流。灯光秀艺术设计应该充分考虑人的因素，充分考虑到人和作品，在形式和精神上都能有深度交流。

（2）体现城市文化

任何城市公共空间的发展都离不开文化，灯光秀艺术介入到城市发展，应体现每个城市特有的地域特性和历史底蕴。我们在设计灯光秀的内容和展示方式时，应该充分考虑该地区人群的组成、民族的风俗习惯、历史文化背景等一系列与该城市文化密切联系的因素，力图找到最适合当地文化的灯光秀方案，引发观众的共鸣。

（3）合理利用周边的环境

从灯光秀的特质来看，灯光秀的完成离不开周围环境。所以合理运用原有建筑和环境进行灯光秀，可以给原有的空间环境带来艺术创新。

灯光秀在介入公共空间的过程中，给公共空间本身也带来了巨大的改变。灯光秀运用一系列色彩、光线、形状、声音等因素进行组合变幻，营造出一个又一个精彩纷呈的空间，使公共空间更加富有活力、生气。也可以通过虚拟影像和现实场景的结合，给人们重现历史的同时，也完成了对现实世界的再造，仿佛让观赏者进入一个历史与现实交汇的虚拟世界。相比于传统的公共艺术作品，灯光秀可以给观者提供多层次、多角度的形式新颖独特、蕴含深厚感情的公共艺术作品。由于公共空间灯光秀艺术具备承载信息的能力，所以灯光秀艺术成了一种地域文化的载体，而一个城市的形象、人文内涵都可以利用这个载体得到很好的展示和强化，同时公众的审美水平、文化品位也会得以提高。

5.6 公共空间灯光秀艺术设计实例分析

项目名称：四川美术学院八十周年校庆灯光秀

项目地址：虎溪校区罗中立美术馆、黄桷坪校区综合楼广场、黄桷坪涂鸦街

设计单位：四川美术学院照明艺术研究所、深圳光影百年科技有限公司

5.6.1 虎溪校区正校门广场及美术馆灯光秀——“沐光森林”

虎溪校区正校门广场的二百盏全彩染色灯与激光、投影、烟雾机，和两侧树林中的全彩投光灯，共同组成了“沐光森林”这一主体作品（图 4–51）。其设计思路是以美术馆绚丽的外立面为底图与载体，为原有的图饰纹理赋予动态生命感，在魔幻的森林中，万物皆为精灵，万物皆有生命。整个画面以涂鸦森林的形式呈现：粒子光营造出落英缤纷的唯美效果，蝴蝶在丛林之中翩然飞舞，阵阵发散的向心光波如同潋滟水面，蓝鲸在其间穿梭而过……动态光影赋予了原有的彩色墙面更形象的生命感，仿佛在向观众讲述着在这样环境优美的魔幻森林之中，万物皆有灵。时而有水彩雾，时而有太阳雨，整个世界充满勃勃生机。创作团队赋予了每个生命不同的颜色、纹理、变化、生命周期、声音甚至气味。罗中立美术馆原有的碎瓷砖墙面与建筑外墙上特有的川美特色元素，被光影赋予出一种更加梦幻的表达。从空中俯瞰，美术馆变换着多彩光影，给校庆盛典奉上了一场绝美的视觉盛宴。

5.6.2 黄桷坪校区外街道涂鸦墙——“合成”

巨型楼体上，黑白红三色组成的图案的亮度、形状和频率不断变化，各种形态和色彩之间的复杂计算看似无序，其实遵循着很多数学定律。颜色、形状和声音，当本质上是数据信息的它们合成起来后，会展现很强烈的符号性，它们之间的感知对话，探索了合成美学的无限可能性，有很强的实验感和科技感（图 4–52）。其设计思路是黄桷坪原本的涂鸦街道已经不再靓丽多彩，而这次采用电子涂鸦，找到历史与时代的新的结合点，利用颜色、形状和声音的合成，形成很强烈的符号性与感知对话，探索合成美学更多的可能性。

图 4-51

图 4-52

图 4-51 沐光森林

图 4-52 黄桷坪校区外街道涂鸦墙——“合成”

5.6.3 黄桷坪校区综合楼——“照鉴未来”

运用 3D mapping 的艺术形式将无数令人惊叹的艺术作品一一展示在人们面前，重温川美 80 年间的重大事件，领略川美人创作的在艺术史上具有里程碑意义的鸿篇巨作（图 4–53）。

在川美 80 年的发展中，川美艺术家创造出了无数令人惊叹的艺术作品。现以综合教学楼外墙为载体，通过影像展现过去的优秀作品与优秀的川美艺术家，让观者一起见证川美的辉煌。

同时，架在川美雕塑楼顶的全彩激光灯，远距离光绘与川美同样有着历史记忆的电厂烟囱（图 4–54）；虎溪校区“极光光束”勾勒着变化万千的“植物”（图 4–55），寓意着川美的艺术生命朝气蓬勃。

绚丽多彩的光束，闪耀着川美的艺术光辉。

利用灯光秀作为表达方式，此次，四川美术学院用一场视觉盛宴给人们带来全新的艺术体验。而四川美术学院作为中国美术学院派的先驱代表，这场灯光秀不仅仅是对于学校 80 年岁月的庆祝与回顾，更重要的是，作为艺术人才的摇篮，川美在实践“志于道，游于艺”的校训的同时，也为在校师生乃至当代数字艺术领域和灯光秀艺术的发展，展示了一条全新的道路。而灯光秀本身，也再一次展示了多元化的表达形式，希望每一个川美人能铭记川美的历史。

图 4–53

图 4-54

图 4-55

图 4-53 黄桷坪校区综合楼——“照鉴未来”

图 4-54 电厂烟囱灯光装置

图 4-55 虎溪校区“极光光束”